零压力
社交

[美]唐文理　[美]格雷戈里·M.福斯特　李奕 —— 著
赵宁　李奕 —— 译

中信出版集团 | 北京

图书在版编目（CIP）数据

零压力社交 /（美）唐文理,（美）格雷戈里·M. 福斯特,李奕著；赵宁,李奕译. -- 北京：中信出版社，2024.6

书名原文：Your Relationship GPA
ISBN 978-7-5217-6462-8

I.①零… II.①唐…②格…③李…④赵… III.①情商－通俗读物 IV.① B842.6-49

中国国家版本馆 CIP 数据核字（2024）第 060549 号

零压力社交
著者： ［美］唐文理 ［美］格雷戈里·M. 福斯特 李奕
译者： 赵宁 李奕
出版发行：中信出版集团股份有限公司
（北京市朝阳区东三环北路 27 号嘉铭中心 邮编 100020）
承印者： 三河市中晟雅豪印务有限公司

开本：880mm×1230mm 1/32 印张：10 字数：188 千字
版次：2024 年 6 月第 1 版 印次：2024 年 6 月第 1 次印刷
京权图字：01-2024-2799 书号：ISBN 978-7-5217-6462-8
定价：58.00 元

版权所有·侵权必究
如有印刷、装订问题，本公司负责调换。
服务热线：400-600-8099
投稿邮箱：author@citicpub.com

推荐序

哈佛大学院长的幸福感之源

我第一次遇到文理时,他的善于提问和勤勉就给我留下了深刻的印象。当时他刚考入哈佛,而我做新生院院长已经快十年了。和他以及格雷的深度谈话让我确信,与新生交流很有必要,既可以帮他们明确自己的目标和价值观,又能让我们有所反思。阅读这本书的目的也是如此。

我以前很钦佩那些拥有"硬技能"——比如敏锐的分析能力、强大的数据处理能力——的同事,后来我意识到,这些技能并不足以使人取得成功,拥有情商同样重要。擅长倾听、能够共情、真诚待人以及愿意投入时间建立关系的人将走得更远,发展得更好。

在我看来,"成功"并不是在职场中步步为营、不断晋升,而是给这个世界带来积极的影响,获得个人成就感。校友聚会时,我常常听到有人说,他们在哈佛相识,共同走过几十年,很庆幸在人生的起伏中一直有彼此的陪伴。大学时上过的高品质的课,参加过的有意思的活动,都让他们记忆犹新,而从大学起培养的人际关系便是他们的满足感之源。

我每年都与几位大学同学组织"圆桌会议",利用整个周末的时间坦诚交流。大家的友谊之所以能维系五十年,并且彼此感情不断升温,正是因为我们有一个共同的人生起点——成为哈佛学子。定期相聚也是我的幸福感之源。

我很高兴看到文理和格雷关注人际关系这个主题,我认为他们的故事和经历非常有价值。同龄人会影响同龄人,我相信,尽早阅读这本书,你的人生会少留遗憾,更有意义。

托马斯·A.丁曼

哈佛新生院院长

作者序 1

人际关系是我人生最好的投资

在我刚到中国的头几天里，我感觉我的人际关系 GPA[1] 为零。

我之所以搬到中国，是因为我从麦肯锡波士顿办公室被调到了上海。我在这个城市里一个人都不认识。所以，第一天到办公室，我就四处走动，试图和人们讲话。办公室很安静，没有人闲聊，有一种紧张的氛围。因此，我花了很多时间探索不同的零食抽屉，试图看看有没有其他人也想聊一聊。

第一天结束的时候，我终于达成了一个社交成就。我发现麦肯锡有一个包含整个办公室约 400 人的微信群。我申请加入并通

---

[1] 平均学分绩点，是评估学生学术成绩的一种重要方式，在学生的升学、就业方面起到重要作用。——编者注

过,于是,第二天我便在群里发了一条消息。

"大家好!我是斯蒂芬(文理),从波士顿来的分析师,现在搬到了上海。有人想一起喝杯咖啡吗?"

我从未经历过如此"响亮"的沉默。一天过去了,两天过去了,群里没有任何反应。到了第三天,我放弃了。看来这个周末,我将独自在外滩闲逛,吃小笼包来掩盖我的痛苦了。

忽然,我收到了一条消息。"嘿!我在麦肯锡群聊中看到了你的消息。今晚有一群同事要出去喝酒,你想来吗?"

这条消息来自另一位商业分析师——李奕。我们之前从未见过面,但她在群里看到了我的消息,感到同情,然后给我发了这条消息。那天晚上,我来到了酒吧。

有时候,我们回顾人生,会注意到那些改变我们人生道路的时刻。这些时刻往往是安静的——我们直到回头看时,才能真正看到它们。

但有些时候,某些事情发生了,你在当下就知道,从这一刻开始,你的生活将会不同。当我遇到李奕时,就有这种感觉。我立刻知道她将在我的生活中扮演特别的角色——我很快意识到,我不是第一个这么想的。与人交谈时,她总是自信满满。那天我们聊了四个小时,并承诺将在北京再次见面。

李奕是我在麦肯锡中国遇到的第一个朋友。老实说,从第一天开始,她就是最重要的朋友。李奕是让我留在中国(并搬到她所在的北京办公室)的人。两周后,她为我举办了一个派对,欢迎我来到中国。六年后,她成了我最好的朋友之一——一个我知道将会是我一生的一部分的人。

2018年搬到北京,这个决定并不是因为一时兴起,而是源自我多年来对中国文化的兴趣。我在华人圈长大。小时候,我们一家人在香港和新加坡生活过。然后,高中时,我作为交换生在台北的一所公立学校学习。我会说中文,但在成年后从未真正探索过这个国家。

高中毕业后,我进入哈佛大学。在那里,我遇到了我的另一位合著者格雷戈里·M.福斯特,他后来成了我另一个最好的朋友。格雷[1]和我在大学时写了这本书的第一个版本。我们发现哈佛大学的许多学生在学术生涯中表现出色,是真正的学霸,但当涉及人际关系领域时,往往一头雾水。当时,写作这本书的目的是提醒哈佛同学们,你的人际关系GPA往往比你的学术GPA更重要。

大学毕业后,我在麦肯锡波士顿办公室工作。我想到中国工作,但我在美国的经理告诉我,如果那里没有项目,我就不能调动。所以我告诉经理,我在中国有一个项目(实际上没有),自己

---

[1] 格雷戈里的昵称。——编者注

买了一张飞往上海的机票,然后花了几周的时间说服一个合伙人让我加入他们的项目。

搬到中国后,我尝试使用这本书中讲到的所有灰姑娘技能。我主动去结识新朋友,在此过程中遇到了像李奕这样的人。当我遇到李奕时,我知道她可能会成为一个重要的朋友。所以,为了加深关系,我提议每周一在上海同一家酒店一起锻炼,然后一起吃早餐。即使到今天,我们还保持着每周联系的传统——我们每个星期天晚上都会通话,已经持续了四年。

这些年来,李奕和我聊过很多次,这本书对于中国读者来说同样极有价值。随着我在中国待得更久,我意识到书中一些内容需要改变。在中国,建立关系的方式往往与我在美国大学环境中使用的略有不同。

比如,对于人们如何聚在一起,两国就有明显区别。我注意到,美国人更喜欢结构较松散、一对一或小团体对话的聚会。这就是美国人在有酒、小吃和灵活社交——人们可以从一个小组转移到另一个小组的社交活动——的聚会中如此自在的原因。美国的聚会通常就是这样:十几个人、酒精加音乐。

然而,在中国,我注意到人们通常更喜欢群体式聚会结构。相较于三两成群地闲聊,人们通常更喜欢大家都能参与的共享体验。KTV是大家拥有共享体验的一个好地方。它在中国很流行,但在美国不太受欢迎。李奕在中国为我举办的第一个派对上,她让每个人都介绍了一下自己,然后大家一起做了一个小的分享活动。

中国和美国的工作关系尤其不同。我在麦肯锡美国和中国的办公室分别工作后发现,即使在同一家公司内,差别也可能很明显。在美国,我的团队彼此支持,但他们明确表示生活和工作是分开的——我们对彼此很友好,但我们不是朋友。然而,在中国,办公室更像是一个戏剧化的大家庭。分析师们在周末会一起度假旅行,团队会一起吃三餐,人们一周内会一起度过 70 多个小时。有一段时间,我在上海没有地方住,就住在一个合伙人的沙发上。老实说,我喜欢这种连接方式——这是我很想打包带回美国的东西。

尽管有诸多差异,但当李奕和我讨论人际关系的重要性时,我们感觉不同文化下人们的相似之处更多。我们在书中写的大多数方法对中国人同样有价值——实际上,其中一些方法在中国甚至更实用,因为在成长过程中人们很少强调这些方法,比如像"主动出击"这样的技能,它是成功建立有意义的关系的基础。所以,我们已经修订了这本书,使其更适用于中国读者,不过我们分享的大多数核心技能是相同的。

对我来说,李奕是一个了不起的建立关系的老师。她在中国、肯尼亚和美国建立了许多朋友群。当我思考这本书的中文版时,我在想如果我们必须增添一章——这次以李奕为主角——应该写什么。

如果我必须再写一章关于李奕的内容，我会创造第六个灰姑娘技能，"让人们来找你"或"成为一名社交媒体发言人"。当我们第一次写这本书时，我花了很大篇幅谈论建立"向外连接"式关系。在这种方法中，你是积极主动的，你伸出援手，你试图交到新朋友。李奕的方法不同。她当然是积极的，但她最亲密的朋友大多是自己找上门的。李奕通过她的公众号分享了她的想法、经历和人生信条，然后人们自发地与她结识。并非所有人都要像她那样做，不过我们可以用简单的方式来展示自我（例如，在社交媒体上发帖庆祝对我们来说重要的事等）。我们可以积极地迈出第一步。但有时，我们也应该欢迎别人主动结交。

对我来说，对人际关系的投资是我一生中最好的投资。过去的一年，我迎来了 30 岁生日，我想庆祝我一生中所有的友谊。所以，我决定为我最亲密的 20 个朋友购买机票，大家飞往一个秘密目的地，欢聚在一起。在写下这本书七年后，书中的几乎每一个成员仍然是我生活的一部分。拥有这些朋友，我感到无比幸福。

我迫不及待想让你探索这本书，学习如何提升你的人际关系 GPA——这是最重要的 GPA。

文理

作者序 2

我身边的"人际关系大师"

五年前，我第一次在麦肯锡上海办公室见到文理，就认定了他的"社牛"属性。哈佛本科毕业后，他先去麦肯锡波士顿办公室工作了一年，然后给自己争取了一个到中国工作的机会。这事听起来简单，但其实外国同事想转来大中华区并不容易。我自己从美国回中国是因为工作签证没抽中，就这样还被HR（人事工作人员）质疑："在国外读的本科，中文水平会不会不太高？"文理作为一个美国人，没有在中国工作的经验，完全靠自己与麦肯锡在中国和美国的大领导们在网上沟通，就被派来中国，真是令人佩服。

我俩在2018年年底初识后，随着了解的不断加深，我发现他中文水平很高，并且还有过一段试图在中国当"网红"的经历。他的中文是高中时在台北交换的一年里学会的。在哈佛读书的时候，因为一口流利的中文，他年年都能去常青藤春晚当主持人。后来他上了《非正式会谈》，开通了微博和抖音账号，得到了十几万人的关注。

作为一个社交达人，文理在哪里都有朋友。从内罗毕到布宜诺斯艾利斯，每次我要去一个新地方，他都会对我说"来，来，李奕，我给你介绍个朋友"。我常觉得自己也算五湖四海都有朋友，但和他相比依然自愧不如。朋友们说起他，都会夸他的"高情商"——他在聊天时的倾听能力极强，而且总能问出特别好的问题，让话题进一步深入。除此之外，会挖掘对方的闪光点，能及时分享自己的动态和思考，都是他在人际交往方面的优点。

认识他之后，我发现世间的路有两条：一条是大多数人选择的"人挤人的路"（所谓的"红海"），还有一条是靠人际关系开辟的"少有人走的路"。比如你想应聘一家公司，可以直接去招聘网站投简历，不过，这条路是"最多人走的路"，竞争也最激烈。而如果你可以"打入内部"，请导师或朋友做个推荐，成功率就会大大提升。文理所有神奇的机会，几乎都是靠第二条路得来的。

认识一年后，我偶然发现，他大学的时候居然和好朋友格雷一起写了一本关于情商的书，就是这本《零压力社交》（*Your*

Relationship GPA），用了他在哈佛的同学们当案例，深入浅出地讲解除了学业 GPA 要拿高绩点，我们应该如何在人际关系里当"优等生"。

我很遗憾自己没能在一进大学的时候就看到这本书，便买了好几本送给学弟学妹们。他们读完都觉得非常实用，又把它推荐给了更多的人。这让我萌生了将这本书引入中国的想法。

在这本书里：

· 你会看到在人人都是学霸的环境中，哈佛学子是如何通过构建人际关系网络，争取各种不可能的机会，让自己脱颖而出的，以及他们是如何平衡学业压力和同侪竞争，同时又交到好朋友，拥有个人支持网络的；

· 你会看到各种有趣的研究以及对于"幸福"和"成功"的新定义；

· 你会学到一些关于人际关系的"硬技能"。将它们运用到学习和工作中，你会得到更有价值的人脉。

对于文理和格雷来说，写这本书最大的意义并不是赚钱或出名，而是通过一起写作，他们成了一辈子的朋友。对我而言也是如此。一起做这个项目，不仅能让这本实用的书被更多的人看到，帮助到更多人，也让我们之间的友情不断升温。这几年，我们三个分别在北美洲、亚洲和非洲运营自己的初创公司，公司的风格迥异，但我们却有很多共同语言，能够不断给彼此提供灵感和支持。

我坚信，这本书可以成为你了解人际关系的第一课，为你铺就一条全新的、少有人走的路。

期待和你一起踏上这段旅程！

李奕

目录

引言
做人际关系的优等生

005　大学毕业后的成功

007　比获得高学分更重要的技能

‖ PART 1 ‖　建立人际关系的五项万能绝技

第一章
灰姑娘的百宝箱

016　大学里的灰姑娘

018　你缺的并非社交天赋，而是社交技能

第二章
主动出击

024　为什么被拒绝会感到痛苦？

027　尼娜会怎么做？

030　你叫什么名字来着？

032　为什么带着一把尤克里里？

034　搞定甘普了！

035　一起吃顿饭吧！

037　《星球大战》教会我们的组织策略

041　搞定室友关系

	043	"被拒绝"的意思是"再试试"
	044	♥ **特别分享**
		我经历过的"主动出击"的例子(李奕)
第三章	050	13 号房间
认真倾听	052	倾听,最初的灰姑娘技能
	053	倾听,而非建议
	055	如何成为更好的倾听者?
	064	你还有其他想聊的事情吗?
	066	♥ **特别分享**
		我用七分钟要到他的电话号码(李奕)
第四章	076	脆弱中暗藏着巨大的力量
拥抱脆弱	079	名字相似的人更容易互相吸引
	080	向教授表露脆弱
	081	亚当的故事
	083	36 个问题让你坠入爱河
	086	做第一个冒险的人
	087	了解你的情绪
	088	分享情绪

090 ♥ 特别分享
　　　如何通过聊天收获更深的友谊？（李奕）

第五章 101 如何养成可以长期坚持的习惯？
创造仪式 105 一名数学学霸的康复之路
106 纯粹曝光效应
108 为什么你不应该尝试那家新开的咖啡馆？
111 壁球俱乐部里的忘年交
113 广泛交际与深度交际的区别
114 仪式比你的身体更强大吗？
117 始终如一的重要性：100%原则
119 百视达错在了哪里？
121 战胜边际思维
122 创造一个传统

124 ♥ 特别分享
　　　创造仪式的两个重点（李奕）

第六章 130 给予者、互利者和索取者
经常给予 133 为什么给予者更容易成功？
135 作为一个大学生，我能给予什么呢？
136 悲剧降临之后

XV

- 140 感恩之礼
- 141 送温暖的关爱包
- 142 帮助他人完成作业
- 143 介绍朋友
- 144 通过 bif 找到最好的朋友
- 145 给予会变得越来越容易
- 146 成为"咖啡馆里的尼尔"

- 148 ♥ **特别分享**
  一份社交媒体时代的另类社交指南（李奕）

PART 2 进阶：
灰姑娘五项技能的补充和灵活应用

第七章
优先级排序

- 162 最重要的事
- 164 为什么你会收不到 500 张圣诞节贺卡？
- 166 如何避免大一增重 7 千克？远离你的室友
- 169 你必须做出取舍的原因
- 170 意识到优先次序的那一刻
- 172 确定你的优先级
- 175 关系分解法

第八章 寻找导师

- 195 学习并不是线性的
- 197 为什么要关注教授？
- 199 主动出击：跟教授交朋友的五个技巧
- 200 创造仪式：充分利用教授的办公时间
- 201 拥抱脆弱：寻求教授的建议
- 201 认真倾听：执行与反馈
- 202 经常给予：成为教授的助手
- 203 优先级排序：如何选择正确的导师？
- 204 像挑选爱人一样挑选导师

210 ♥ **特别分享**
如何找到你生命中的贵人？（李奕）

第九章 约会和爱情

- 228 寻找满意的另一半
- 229 主动出击：《摇滚乐队》是如何打破障碍的
- 234 拥抱脆弱：无期待的爱
- 236 认真倾听：小小的拥抱，大大的影响
- 238 创造仪式：为培养亲密关系做规划
- 239 经常给予：我们为何内心都喜欢惊喜？
- 241 约会是……而不是……

第十章
过去的人际关系

- 246 保持和老朋友的情谊
- 248 主动出击：主动联系
- 250 创造仪式：和家人定期联系
- 251 拥抱脆弱：坦诚分享大学生活
- 252 认真倾听：交换生效应
- 253 经常给予：表达感谢和送生日祝福
- 254 让回家变成一场探险之旅的五个方法

- 260 ♥ 特别分享
  我如何和朋友们保持联系？（李奕）

- 264 ♥ 特别分享
  长信出奇迹：谈和父母的关系（李奕）

结 章
卡米尔的逆袭人生

- 279 星座会影响大学录取率？
- 282 人生没有太晚的开始

- 285 后记
  一个坚守五年的承诺
- 292 译后记
  种下一颗好种子，用真诚和主动让它发芽
- 296 致谢 1
- 299 致谢 2

引　言

做人际关系的优等生

"幸福就是爱。就这么简单。"

——乔治·韦兰特

（George Vaillant）

格兰特研究（the Grant Study）

项目主任

1938年，阿利·博克教授感到有些迷茫。从世俗的角度来看，他很成功。他是一名哈佛大学的教授，负责学生健康中心，研究的项目包括"是否应该让奥运选手用跑步机进行锻炼"。但问题在于，博克教授认为他的研究没什么意义。他花了20年研究血液的化学性质，虽然他在这个领域里很出色，但他却总感觉少了些什么。在和许多学生谈过未来的打算、梦想与担忧之后，他开始思考一个更重大的问题：怎样才能拥有既成功又快乐的人生呢？

于是，博克教授开辟了一个新的研究领域。在 W.T. 格兰特的资助下，博克找来了268名哈佛学生作为他研究的对象。他要追踪这些人的一生，从上大学开始，到进入婚姻，再到退休，直至生命的尽头。每隔几年，博克团队就会追踪一次这些参与者的健康程度、幸福值以及人际关系情况。

研究初期，有两名学生引起了研究团队的特别注意：奥利弗·霍姆斯和阿尔杰农·扬。

第一次见到霍姆斯，博克就产生一种直觉：这个孩子将来一定能成大事。霍姆斯在一个充满爱的家庭里长大，从小就学习各种音乐课程；有很好的家庭教师，父母也对他宠爱有加。他妈妈接受采访的时候，这样评价儿子："他合作能力强，很有同情心，而且特别幽默。"

霍姆斯上大学的时候，身材高大、长相帅气，是辩论队里的风云人物。他有一群要好的朋友、一个温馨的家，还有一个看起来非常光明的未来。

几周后，研究团队又注意到了一名格外优秀的学生，阿尔杰农·扬。听到他的名字，感觉他就像是从王尔德的小说里走出来的人物，似乎命中注定要成就一番伟业。扬和霍姆斯一样，出生于一个富裕家庭，他妈妈回忆说："两岁的时候，扬就已经表现得像个大人。"在所有268名参与研究的学生中，扬在智力和心理健康评估中都获得了最高分。

博克教授标记出了那些他认为将来能取得巨大成功的学生。起初，他坚信霍姆斯和扬都将一帆风顺。然而，随着时间的推移，这两个昔日的才子走上了截然不同的人生道路。

霍姆斯进入法学院，毕业后结婚，搬到了离父母更近的地方。他在法律界取得了显赫的成就，最终成为马萨诸塞州的一名法官，在闲暇时还指导年轻律师，一直忙碌到老年。在事业的巅峰期，他对全州的法律体系进行了改革。

不过，霍姆斯最令人羡慕的并非职场成就，而是他的人际关系。85岁高龄时，他依然给爱妻写情诗，而她也会为他画像。提到密友，他能立刻列出六个人的名单。直到暮年，他仍风趣不减。谈到前列腺问题时，他能开玩笑说："我的医生都钦佩它能长这么大。"

而扬的命运则完全不同。他的未来本应是一片坦途，但上了大学之后，他和大家越来越疏远。大三那年，他的父亲患上了严重的抑郁症，失业了。为了照顾家人，他不得不从哈佛退学，去工厂工作。研究团队对他的未来感到忧心，因为退学是一个很沉重的决定。但他们还是相信，这个年轻人迟早会重返校园。

最终，扬的父亲走出了抑郁的阴霾，找到了新工作，但扬却变了很多。他从一个阳光男孩变成孤僻的人，几十年间，他生活的圈子越来越小。49岁时，他生活的重心变成了养宠物。51岁时，他最好的朋友去世，之后他再也没有建立过同样深厚的友谊。扬在66岁时去世。研究团队将人生的成就分为十级，而扬的成就是零级。

大学毕业后的成功

格兰特研究对霍姆斯、扬以及其他 200 多名实验对象进行了 70 余年的追踪。在这段相当长的时间里,这些人毕业、结婚,还经历了"二战"。其中一些人取得了巨大的成功:四位研究对象竞选国会议员,其中一位——约翰·肯尼迪——成了美国总统。然而,也有很多人走上了相反的道路——英年早逝、离婚、酗酒。

每隔两年,格兰特研究的负责人及其团队都会联系研究对象,去家中询问他们过去几年的情况,问题从"你的健康状况如何"到"你多久有一次性生活"。

研究对象进入耄耋之年后,格兰特研究的第三任负责人乔治·韦兰特终于有了观察他们完整一生的机会。他研究了这些人从开始上大学到去世这几十年间的记录。20 世纪 30 年代,在研究初期,博克教授曾根据研究对象的财富、智力、体力对他们的未来进行预测。但大半个世纪后,韦兰特惊讶地发现,这些预测的准确性比抛硬币高不了多少。

于是韦兰特继续研究：究竟哪些因素会带来长寿、幸福和事业上的成功？十年之后，他得出一个简单的结论：人际关系比其他一切因素都更重要。

韦兰特认为："成功老化的秘诀在于建立丰富的社交网络，而不仅仅是拥有高智商或优越的家庭背景。"几十年的研究显示，人际关系越广泛的人越健康、幸福，也活得更久。

想象一下，在得知研究结果后，如果你能乘着时光机，和曾经那些刚刚开始参与研究的大二学生坐下来聊天，那么，你肯定会劝他们多花时间陪伴家人和朋友。

现在的大学生与70年前参与博克教授研究的学生们本质上并没有什么不同。然而，学校很少教我们如何维护人际关系。我们了解线性代数、会写学术论文，甚至能直接阅读外国文学，可是对于如何过上成功和幸福的生活，我们知之甚少。

因此，我们决定研究那些在格兰特研究中非常成功的人都做了些什么。作为对照，我们采访了如今的一些哈佛学生，探寻他们如何在校园中建立人际关系，如何寻找朋友、导师以及扩展自己的社交圈子。

我们的研究最终形成了这本书：《零压力社交》。我们发现了一个也许不是那么令人震惊的答案：许多学生的注意力其实偏离了正轨。在哈佛，这种迹象随处可见，比如学生们独自吃饭，对别人的问候敷衍回应，甚至为了自己的成功而忽略朋友。

当然，格兰特研究主要针对的是那个时代的白人男性哈佛学生，他们并不能完全代表我们这一代人。但其他针对当代学生的研究也表明，格兰特研究的发现是有普遍性的。无论针对的是公立大学的第一代大学生还是非裔美国学生，该研究都发现，人际关系对情感状况、健康水平乃至学术造诣都有深远影响。简而言之，人际关系对你的大学生活至关重要。

但现实是，大学的制度和氛围往往使学生更加关注 GPA，因为这是最直观和容易比较的指标。这种过度关注可以称为"计数陷阱"。人们倾向于追求那些可以明确衡量的东西，哪怕那并不是真正对自己有益的。很多人全力以赴追求金钱，尽管很多证据都表明金钱买不到真正的快乐。同样，学生们过于追求高绩点，因为成绩是可以量化的，他们可以将自己的分数与别人的进行比较。

但是，如果我们追求的目标其实是错误的呢？

比获得高学分更重要的技能

心理学家丹尼尔·戈尔曼曾在他的著作《情商》里指出，在一定的智商之上，情商对于成功的影响更大。当一个大学生的智商和平均值之间只有一个标准差时,智商高几分几乎无法助力他取得长久的成功。

谷歌曾调查发现,大学毕业两年后,曾经的高 GPA 学生与当下的优秀员工之间就没有直接的关系了。谷歌的人力资源总监说:"我们做了一系列分析,发现大学时的成绩也许能预示一个人工作前两年的表现,但对他接下来的职业生涯毫无影响。"

当然,你的成绩和工资很重要。不过,虽然它们是最容易衡量和比较的指标,却不一定是最好的。对于很多大学生来说,如果更注重和他人的关系,他们也许就会拥有更加成功和幸福的人生。因此,我们提出了"人际关系 GPA"这个概念。

从很多层面来说,寻找更有意义的衡量方式并不是一个新鲜的观点。我们都在努力平衡社会界定的目标与自我的追求。《品格之路》的作者戴维·布鲁克斯曾把这两种追求分别命名为"简历美德"和"悼词美德"——前者是职场成功所需的技能,后者是人们在你的葬礼上对你的评价:你是否友善、勇敢、诚实,你是否有爱人与被爱的能力?

正如布鲁克斯对"简历美德"和"悼词美德"的区分,我们也想区分你的学业 GPA 和人际关系 GPA。从根本上来说,这两者不是非此即彼的竞争关系。就像格兰特研究证明的,学业和职业上的成功与人际关系上的成功不是二元选择。恰恰相反,那些最善于和周围人建立联系的学生,未来往往也是最事业有成的。

你要如何成为这些学生中的一员?我们发现,通过对比霍姆斯和扬的经历,可以总结出维系人际关系的五种核心技能:主动出击、拥抱脆弱……学会它们,无论是在当下的大学校园,还是在未来的人生中,你都可以更成功、更幸福。

杜克大学的研究显示,当人们进入新环境后,最容易形成新的习惯。告别了过去18年相对约束的生活,大学生有宝贵的机会去重塑自己。我要怎样对待身边的人?我会为了朋友牺牲自己的利益吗?我希望在将来的葬礼上大家如何评价我?再也没有比大学生涯更适合考虑这些问题的时机了。

哈佛大学的使命是"为社会培养公民和公民领袖",但从不会有一堂课去教你如何当一个合格的朋友。在这一点上,全世界多数的高等学府都一样。我们如果想习得更强的人际关系能力,只能靠自己。

那么,重要的问题来了:我们最需要培养的是哪些习惯?为了揭示要在大学生活中掌握哪些技能,将来才能在社会上取得成功,我们需要先从一个童话故事讲起。这是一个鲜为人知的秘密:灰姑娘辛德瑞拉的手中,有着能让我们打开更高的人际关系GPA之门的钥匙。

PART 1

建立人际关系的五项万能绝技

第一章

灰姑娘的百宝箱

"终有一日,你心中的梦想会实现。"
——灰姑娘辛德瑞拉

我们都听过这个故事。

美丽年轻的灰姑娘的母亲去世了，父亲娶了一个新的妻子。不幸的是，她的父亲很快就去世了。没有了父亲的保护，她的继母和姐姐们开始虐待她。她们逼她穿破烂衣服，吃剩菜，打扫房子。

然而，幸运的是，灰姑娘能和小动物交流。灰姑娘的猫经常用喵声抚慰她："振作起来！你有你的笨蛋姐姐们没有的东西，那就是美貌。"猫把她的姐姐们叫作"笨蛋"，似乎能让她的心情好一些。

有一天，王子为全国的女性举办了一场舞会。灰姑娘很想去，但她邪恶的继母拒绝了她，并命令她在她们外出时打扫房子。当灰姑娘在花园里哭泣时，一位仙女出现了，手里拿着魔法棒。她笑着说："别担心，灰姑娘，我会让你去参加舞会的。"

仙女挥一挥手里的魔法棒，就将一个南瓜变成了马车，将灰姑娘的破烂衣服变成了礼服，将六只小老鼠变成了车夫。听到马儿嘶鸣，灰姑娘觉得它仿佛在对她说："哇，好美丽的姑娘，一点也不笨拙。"马车离开时，仙女警告灰姑娘：必须在午夜之前回来。

灰姑娘在舞会上一露面，便令人为之倾倒：众人侧目，音乐渐停，王子满眼欣赏地凝视着她。那一刹那他就知道，她是他一直在寻找的人。他问她要不要喝点什么，或者跳支舞。灰姑娘答应了，但同时提醒他，她得早点走。于是，王子拉起她的手，带她到舞池中央尽情舞蹈。

对于情投意合却又不得不遵守宵禁令的两个年轻人来说，时间飞逝。很快，城堡的钟声响起，宣布午夜已到。灰姑娘惊慌地从舞厅冲出，向马车跑去。她匆忙间掉下了一只水晶鞋，成为那晚留给王子的唯一线索——他连她叫什么名字都不知道。

王子心乱如麻，命令全国士兵都去寻找鞋子的主人，逐户让女孩们试穿那只鞋。当士兵们来到灰姑娘家时，起初只让她的两位继姐试穿，因为灰姑娘衣衫褴褛，看上去像个女仆。但王子的命令很明确：每个女孩都要试一试。于是，他们只好让灰姑娘也试穿了一下。鞋刚好合脚。

士兵们立刻意识到他们之前对灰姑娘的偏见是多大的错误，用最快的速度带她回到城堡见王子。最后，灰姑娘和王子结了婚，就像童话故事里经常说的，"从此，他们过上了幸福的生活"。

灰姑娘的故事让我们明白两个道理：

1. 聚会之后要把捡到的东西物归原主，因为这是你得到爱情的良机。

2. 生活中充满了未被发掘的宝藏。很多时候，我们都像故事里的士兵一样，忽视了真正有价值的东西——灰姑娘，而专注于看似贵重的事物——穿着华丽的姐姐们。在大学里，我们常常在与人交往时采取同样的态度。我们认为自己知道什么是重要的、什么是有价值的以及我们应该如何与朋友互动。不幸的是，我们经常大错特错。

大学里的灰姑娘

1998年，语言学家戴维·努南首次提出了"灰姑娘技能"这个概念，来形容倾听的能力。他说："相较于另一种经常一起提到的能力——表达能力，它（倾听能力）常常被忽视。"努南是对的。人们更关注显性的能力,比如侃侃而谈,却容易忽视更有意义的行为,如深度倾听。而这还不是唯一的常见错误。

大学生们容易忽视一系列社交技能。在本书中,我们会着重讨论在人际交往过程中,大家最容易犯的五个错误:

我们总是在被动应对,而不是主动出击。(第二章)
我们喜欢说个不停,却很少静下心来倾听。(第三章)
我们追求完美,不愿意展现自己的脆弱。(第四章)
我们总是疲于应对截止日期,却忘了享受过程。(第五章)
我们认为慷慨助人是"软弱"的表现。(第六章)

能够帮你走出这些误区的策略,我们称作"灰姑娘的五项绝技",是建立成功人际关系的关键。

遗憾的是,我们的 K-12 教育体系在培养社交技能方面是有欠缺的,它过分强调个人成就。高中辩论赛上,大家都仰望着台上的明星辩手,却没人关注你这个坐在下面的好听众;申请大学时,你得吹嘘自己的个人成就,写你帮助他人的事迹没什么作用。

幸运的是,在大学校园里,我们终于有机会改变与人交往的方式了。在这个学习的黄金阶段,你在任何方面取得的成功都与你的人际关系息息相关。你得到的第一份兼职、你在社团中担任的组织者角色，甚至是你取得的考试分数，都会受到你的导师、朋友和声誉的影响。

你缺的并非社交天赋，而是社交技能

2005 年，研究员詹姆斯·A. 帕克针对情商与大学生进行了一项史无前例的大型研究。他尤其关注的一个问题是：与他人建立联系的能力，对在大学里取得成功有多重要？

他招募了四所学校的 1400 多名新生，对每个人进行了情商测试，并在大一结束时查看他们的成绩。这项测试涵盖了人际交往、自我认知、适应新环境的能力等多个方面。以往也有研究发现，比如"自我调节"——或者说不拖延——的能力可以预测大学 GPA。但是，人际关系的影响从未被如此严谨地研究过。

帕克得出的结论，令团队惊讶不已。在测试涉及的所有特质中，人际交往能力强被证明是最能预测高 GPA 的特质。同理心、建立有意义的社团和发展深层次关系的能力，都与学业成绩呈正相关。

随着这些结果的出现，其他研究者也开始进一步探索。接下来十年的研究表明，人际交往能力不仅能预测学生的毕业率、友谊的质量，甚至还能预测他们暑期实习的表现。

起初，研究人员认为这些特质在很大程度上是与生俱来的。外向、尽责或有吸引力似乎是天生的品质。然而，一些后来的研究表明，这些特质是可以后天习得的。有时改变很简单——你只需要打开这本你正需要的书。

接下来，我们将着重讨论"灰姑娘的百宝箱"里的五大技能——建立良好的人际关系必须掌握的技能。在这个过程中，你会明白，为什么人们更喜欢那些善于倾听而不是侃侃而谈的人、为什么那些乐于助人的人更容易取得成功以及为什么我们觉得那些表现出脆弱的人比那些从不表露自我的人更加强大。

需要声明的是，在尝试培养任何灰姑娘技能时，如果你感觉勉强，那就先放一放，还会有很多其他的机会可以练习。练习得越多，应用这些技能就会变得越自然。不过，要保证你每次练习时都感觉舒适。

你不会立刻进步神速。你也不必做到这一点。王子"捡到"（更确切地说，是"偷拿"）水晶鞋之后，也曾在王宫的每个房间里寻找灰姑娘。他尝试、失败，然后再次尝试。足够的定力和坚定的决心让他最终找到了自己想见的人。我们相信，通过努力，你也能得到自己想要的一切。

灰姑娘的百宝箱

1 主动出击
2 认真倾听
3 拥抱脆弱
4 创造仪式
5 经常给予

图1

第二章

主动出击

"只要到场,就成功了 80%。"

——伍迪·艾伦

(Woody Allen)

尼娜·胡珀在哈佛宿舍里心神不定地走来走去。

"我要怎么才能见到理查德·布兰森?"尼娜暗自嘀咕着。她并不住在伦敦,口袋里也没有几百万可以随便捐出去。对于她而言,想要接近维珍集团创始人理查德·布兰森的秘书南希,似乎比登天还难。

但她不是那种轻易放弃的人。于是,她打开电脑,敲打着键盘:谷歌,我的好朋友,告诉我,理查德·布兰森现在在哪里?

在一串串的搜索结果中,她看到了理查德最新的一条推特消息。原来,接下来的几天他将会出现在加勒比海的私人岛屿——内克岛上。尼娜灵光一闪,知道自己要怎么做了。

她迅速切换到了航班搜索页面,开始查看飞往英属维尔京群岛的机票。看来这周的物理课她是没办法去上了。

尼娜·胡珀绝不是普通的大学生。这位热衷于挑战的澳大利亚女孩,正在攻读天体物理学。凭借对宇宙的热爱,她成为第一个站上TEDx哈佛学院舞台的学生,分享自己关于小行星采矿的经济可行性的研究。就像很多孩子一样，尼娜的梦想是成为宇航员。但不同的是，她从未考虑过稳定的工作和丰厚的薪水这些事，而是坚持着自己对物理纯粹的爱，考入哈佛大学。大二那年，她差点就飞上了太空。

　　她是怎么做到的？面对拒绝，尼娜总是越挫越勇。

为什么被拒绝会感到痛苦？

被拒绝不仅仅会让人心里不舒服，它甚至会引发身体上的痛感。2003 年，加州大学洛杉矶分校的研究人员通过 FMRI（功能性磁共振成像）研究发现，社交排斥与身体上的痛苦引发的是相同的神经活动。研究中，他们要求参与者进行一场线上的传球游戏：三名队员在线上给彼此传球。研究者们将参与者连接到一个 FMRI 机器上，并指定参与者为一号球员。参与者被告知，二号和三号球员由另外一个房间里的两名参与者控制。但实际上，二号和三号球员是由提前设置的电脑程序操控的。

一开始，每个球员被传球的次数大致相等。一号球员把球传给二号，二号传给三号，三号再传回给一号。但七次传球过后，一号球员就不能再接到球了。接下来的四十五次传球在二号和三号球员之间发生，电脑程序把一号参与者排除在外了。

一号球员的 FMRI 结果揭示了一个痛苦的事实。他们的前扣带回皮质，也就是大脑中与痛觉反应有关的部分，在游戏中被排除在外的时候明显更加活跃。研究者们发现，人们在社交场合被拒绝时所激活的神经系统反应，和受到物理伤害时是一样的。

出于本能，我们害怕遭到拒绝，于是不敢轻易打破任何社交规则。想象一下，你正和七个其他参与者在一间屋子里。穿着白大褂的严肃的研究人员站在一个投影仪旁。屏幕上有四条线：左侧是一条单独的"对比线"，右侧是长短不一的三条线，分别被标注为A、B、C（见图2）。研究人员让你从右侧三条线中选出和左侧的"对比线"长度最接近的那一条。

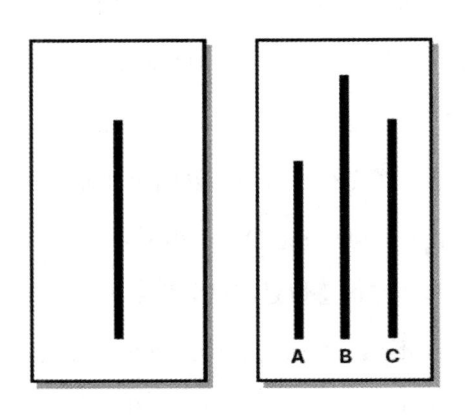

图2

"这明显是C。"你告诉自己。

研究人员让每个人都说出自己的答案。

"A！"第一个参与者充满自信地说。

"太奇怪了。"你心想,"肯定是 C。"

第二个参与者站了起来。"A！"她说。

你又回头去看屏幕上的那几条线,你很确定 C 才是对的。

研究人员一个个问过去,七个人的答案都是 A。到你的时候,你一脸迷糊地瞪着投影仪,心里嘀咕着:七个人不会都选错吧?

1951 年,心理学家所罗门·阿施对大学生们进行了一场类似的实验。他把七个"共犯",也就是假的实验参与者放进房间,并告诉他们每次都要故意选错答案。然后他记录了真实实验对象的反应,观察他们有多少次会在社交压力下改变自己的答案。当独立做出选择时,学生们基本不会选错。但当面临社交压力时,实验对象每进行三次实验,就会改变一次自己的答案。超过 75% 的参与者在实验中"屈服"了至少一次。当被问及他们为什么选错答案时,他们的答案很直接:他们不想公开提出不同于团体的意见。

我们对于被拒绝的恐惧是有进化学依据的。在农耕时代之前,多数人类居住在不到一百人的各个部落里。在这些小团体里,不好的第一印象带来的影响往往会持续终生。虽然人类已经进化了几千年,但在面对陌生人时,我们还是会自然而然地感到紧张。

这种害怕被拒绝的感觉,其实对身为当代大学生的你不太有利。想象一下,在校园里的某个活动中,你可能会遇到几十、几百个人。跟某人没搭上话，没关系，周围还有一大群人。你可能会在给教授发邮件、约同学出去或者结交新朋友的时候感到紧张，但是要想建立良好的社交关系，就得学会主宰这种恐惧。你必须勇敢地踏出这一步。

让我告诉你一个秘密：机会是不会自己来敲门的。整个学期里，也许根本没人会主动向你介绍自己。你可能天天一个人吃饭，心里却希望有人能来搭讪。除非你比教授还知识渊博，不然没人会主动来发掘你的才华。坐等别人上门虽然轻松，但就像实验里跟着大家一起选错答案一样，那是一种舒服的懒惰。长期来看，坐等是个危险的选择。如果你不去主动争取，别人就会替你做决定，塑造你的社交圈。

尼娜会怎么做？

大二的时候，尼娜就拟好了一个登上太空的大胆计划。那时候，普通人要想体验太空之旅，只能依靠几家私企，比如英国亿万富翁理查德·布兰森开的维珍银河公司。

维珍银河成立于2004年，旨在为那些爱冒险的游客提供太空旅行的机会。如果你想预订一个未来的太空之旅，需要先掏25万美元订金。显然，尼娜并没有这么多闲钱，但她有勇往直前的决心。

2014年，维珍银河联合路虎举办了一场比赛，寻找"最有冒险精神的人"，送他们上太空。这场比赛要求参赛者提交体现冒险精神的照片或30秒视频。赢家可以带三个朋友一起进入太空。作为天生的冒险者，尼娜只需要展示自己的特质，就有机会赢得这场太空之旅。

对尼娜而言，冒险就是追寻那些能让人兴奋的人和事。她梦想着见到理查德·布兰森，但这位行事古怪的大亨可不是那么容易见到的。他在全球各地飞来飞去，掌管着富有的维珍帝国。尼娜和理查德之间有一道由烦琐规章和秘书组成的高墙。

但对于有钱人来说，见到理查德并不是不可能的事。1978年，内克岛挂牌出售，年轻的理查德一眼就看中了。虽然他的报价一开始被嘲笑和拒绝，但最终他还是以180万美元的价格买下了这座岛屿。

而关于这座岛的政策很特别。新老板得在五年内在岛上建个度假村，不然就得将岛屿交还政府。于是，豪华的内克岛度假村很快就建起来了。客人如果愿意一晚花费2000美元，就能享受到来自巴厘岛的竹子家具、从卧室就能看到的360度的海景，还有上百位工作人员无微不至的服务。理查德非常喜欢这个岛，经常来此地度假消遣，有时还会跟岛上的客人闲聊。

对尼娜来说，内克岛可能是唯一能直接见到理查德的地方。但她那点学生津贴可不够支付高昂的住宿费，她得动点脑筋了。她需要一个大胆的点子来吸引他的注意，但又不能大胆到让自己进监狱。她琢磨着怎么才能悄无声息地混进内克岛。

她首先想到的是"空降"。她给周围所有的跳伞俱乐部都打了个电话，试图说服他们支持她参加这个比赛，让她的伞降落到内克岛上。不过，她运气不佳，没有一个跳伞俱乐部愿意涉足这片私人领地，尤其是在岛上还配有严密的安保措施的情况下。

尼娜的第二个主意是用无人机空投。她计划从离岛不远的一艘安全的小船上飞一辆无人机，送一个小礼物给岛上的理查德。而要想实现这个计划，她得先弄到一艘船。

于是尼娜又开始打电话给内克岛周边的每一家游船公司。结果还是老样子，她的提议对他们来说风险太大。但这回，他们至少给了她一个线索：甘普，这个人也许能帮上忙。

甘普是个信仰拉斯特法里教的当地人。他从理查德·布兰森那里贷款，买了一艘玻璃底船，专门带游客在内克岛附近的海域游玩。没有比他更合适的人了，但联系上他却不太容易——他可没有自己的网站。还好，尼娜最终在推特上找到了他。

尼娜通过邮件和推特联系了甘普的公司。起初，甘普和他的团队完全没有搭理她。但尼娜没有轻易放弃。她用电脑摄像头录了个简短的视频做自我介绍，讲解了比赛的来龙去脉，并请求他们的帮助。

你叫什么名字来着？

大多数人可能并不会像尼娜一样，想去尝试跳伞进入私人领地这样刺激的活动，但主动搭讪对于我们而言并不陌生。最关键的是，要敢于跟陌生人打招呼。你可能听着有些害怕，但这将是你人生中最有用的技能之一。

即使是专业人士，往往也不擅长主动认识陌生人。哥伦比亚大学的一项研究发现，在社交晚会上，参与者们几乎只会和他们已经认识的，或是有共同好友的人谈话。这样的行为和他们参与社交活动的本意——认识新的人——是矛盾的。同样，上大学的目标也是结交更多不同的人。那么，你要如何打破隔阂，认识新朋友呢？

答案之一是，刻意练习去记住他人的名字。根据 Ladbrokes（一家英国游戏公司）的调查，人们把忘记他人的名字视为社交场合最尴尬的场景。不幸的是，大学四年里，你会忘掉几百个甚至上千个名字。

好在，很少有人天生不擅长记名字，唯一的区别是我们是否有动力去记名字。堪萨斯州立大学的研究者们发现，"我记不住名字"多数情况下只是我们的大脑虚构出来的想法。他们的实验显示，那些擅长记名字的人只不过是有更强的意愿，而非更强的记忆力。政治家和教授们擅长记名字是因为他们相信记住选民和学生的名字对他们的职业成功至关重要。正如研究者们所说，"感兴趣程度比大脑能力更能决定你是否能够记住他人的名字"。记名字的关键是后天的努力，而不是天生的技能。

一个记住他人名字的方法是在谈话过程中进行重复。一些记单词的App（应用程序）会利用定时重复来帮助人们巩固记忆。这种方法依靠的原理很简单：重复产生记忆。我们来想象一下这段对话：

"嘿，你叫什么名字来着？我在生物课上总看见你！"
"我叫马克·扎克伯格。"
"幸会。对了，马克，上堂课的笔记你记了吗？"
……

重复他人的名字会将其存在我们的短期记忆里，从而巩固长期记忆。要重复多少次才能记住呢？专家们给出了一个建议的数值范围：3到7次。无论具体以何形式，只要在谈话的时候重复对方的名字就行。如果你真的忘了，用自嘲的语气表示歉意，然后再问一遍。这样做能够使你把一个不知名字的陌生人变成一个下次见面可以打招呼的熟人。

大学校园里有太多可以让你用来练习的不知名字的陌生人了。比如,你可以从上课时坐在你身旁的陌生同学开始练习。"早上好,你看了昨晚的阅读材料吗?"一旦他有所回应,你就可以问出这个具有魔力的问题:"不好意思,你叫什么名字来着?"

"你叫什么名字来着?"这句话特别有用。也许对方已经介绍过自己,也许没有。这都没关系,假设你已经忘了。这句话的潜台词是,虽然你的记性不好,但你很想记住对方的名字。

不是所有人都能轻松地和陌生人开始一段对话。不过,有些方法可以帮助我们克服恐惧。一个好的策略是让别人主动来找你,让我们看看下面这个非常勇敢的大一新生的例子。

为什么带着一把尤克里里?

当朋友们描述安娜·奥兰诺时,他们通常会这么说:"安娜是我认识的最外向的人。""没有人能拒绝和安娜做朋友。"大家知道她,是因为她对科学的热情、对他人的满满爱意以及每个月主持的节目——《咖啡屋》。但当你问起安娜,她却会告诉你,她并非一向都擅长社交。

高中早期，安娜并不是众人羡慕的对象。"中学的时候，我仿佛背着一层壳。"她说。因为社交恐惧症，她在和同学说话时非常紧张，很难给别人留下良好的第一印象。对科学的热爱并没有让她在学校受欢迎的女孩里赢得一席之地。

"当我看到其他人如此自然地聊天和社交时，就会怀疑为什么自己如此格格不入。"她尝试上网搜索如何社交，但很快意识到"人不是数学公式"，不能生搬硬套他人的做法。而想变得更善于和他人接触的办法只有一个：多和他人接触。

安娜可以从小事做起，比如每周尝试和一个不认识的人说话。但是安娜不太喜欢慢慢来。于是，她买了一把尤克里里带到学校。

安娜天生乐感很好，按照谷歌上的教程，她很快就能用尤克里里弹和弦了。尤克里里太大了，书包里放不下，她便把它抱在怀里，走到哪抱到哪。很多同学遇到她都会多看两眼，好奇地问："干吗带着把尤克里里？"这样，陌生人自己就来搭讪了。大家都记住了安娜，每天都会有不同的人来问她相同的问题："可以弹一曲吗？"

无论何时，只要有人问，安娜就会强迫自己弹起尤克里里。听到她弹奏夏威夷音乐歌唱家伊斯雷尔·卡马卡威沃尔的《彩虹之上的地方》(*Somewhere Over the Rainbow*)时，大家都会忍不住笑意。很多人熟悉这首歌的旋律，甚至会跟着哼唱。一曲结束，大家就会走上前和她攀谈，感谢她的表演。尤克里里让安娜克服了紧张情绪，她发现自己不仅社交能力变强了，还给周围的所有人带来了欢乐。渐渐地，她连在众人前演奏都越来越游刃有余，问别人叫什么名字对她来说就更没什么大不了的了。

有时候，要想让别人记住你，就得有些创意。你不必也去买一把尤克里里，但你可以像安娜这样，吸引别人主动向你迈出第一步。

搞定甘普了！

尼娜那段自拍的小视频，居然真的吸引了甘普的注意。他火速回复一条消息："小姑娘，你这是把我给圈粉了，我看好你！至于你的梦想，就让我来助你一臂之力吧！"尼娜非常开心，感觉自己这回找对人了！她毫不犹豫地用平日里省吃俭用攒的钱买了一张飞往维尔京群岛的机票，穿上黑色小西装，背起行囊，踏上了征程。

落地维尔京群岛后，尼娜上了一艘游艇，直奔甘普。甘普自己开船带她绕着内克岛转了一圈，她将相机架在三脚架上，记录沿途领略到的精彩风景，与海龟、狐猴、火烈鸟互动……

可惜，她没见到理查德·布兰森。在尼娜踏上内克岛之际，他已经离开好几个小时了。但尼娜岂会轻易认输？她拍好视频后飞回家，提交了自己的作品——在30秒的短片里，她将自己塑造成了一个深入敌后的特工，比赛主办方看了很满意。

勇敢的尼娜终于被理查德看到了。他在推特上@了她："看到你的视频了，太棒了！真遗憾，我们没能在岛上遇见。祝你好运！"看到偶像写给自己的话，尼娜心花怒放。这次比赛她拿到了冠军，与一众电影明星、CEO（首席执行官）们的太空之旅近在眼前。

然而没想到，悲剧发生了。2014年10月，维珍银河的一艘火箭在试飞中发生故障。飞行员严重受伤，副驾驶员没能生还。比赛规则因此被修改，尼娜只能和三个朋友一起去英格兰的一座城堡里度假一周了。虽然对于一个天体物理学系的学生来说，去城堡度假和去太空飞行的意义相去甚远，但最重要的是，尼娜付出努力之后获得了回报。对她来说，最有价值的是这次冒险经历以及途中遇到的人。

弹奏尤克里里和在加勒比海域冒险都是认识新朋友的好办法，不过，有时主动出击最有效的方式，只需要一个最简单的动作。

一起吃顿饭吧！

有一句古老的爱尔兰谚语是这样说的："哪里有美食，哪里的笑声就最甜。"跟人一起吃饭，是拉近关系的绝佳办法。其实，围绕吃饭这件事，有很多指南，比如基思·法拉奇和塔尔·雷兹的《别独自用餐》。既然已经记住了每天偶遇之人的名字，何不再约他们一起吃个饭呢？接下来我们来具体讨论一下，怎样通过吃饭迈出交朋友的第一步。

首先，可以开门见山地发出邀约："咱俩找时间一起吃个饭吧。我很好奇你是怎么空降到那个亿万富翁的岛上的！"对方多半会答应。这时候，你得锁定时间："咱们周二中午去校门口那家三明治店怎么样？"记得说清楚时间和地点。一旦对方答应了，立刻掏出手机记进日程。如果你还没存对方的手机号，此时机会正好。

然后，别忘了设置一个日程提醒。提前一个小时给对方发信息，确认他是否能准时赴约。如果对方表示有急事来不了了，你一定要跟他再约一个时间。学会怎么邀请别人一起吃饭，是跟人建立深厚关系的前提。

单独约人吃饭聊天很好，但并非主动出击的唯一方式。大学里很多让人终生难忘的回忆都是一群朋友一起创造的。比如，一起去看夜场电影，一起去校外餐厅熬夜复习，一起为学校举办的晚会表演节目。不过，所有这些活动都不会凭空出现，你得自己想办法制造机会。

在组织群体活动时，拉拢第一波人参加总是最难的。想想看，如果有人邀请你去一个派对，你一问"还有谁去啊"，对方回答

"呃，就你一个"，估计你立刻就打退堂鼓了。

那你又怎么才能说服一群人参加呢？首先，活动本身必须有吸引力，然后，要有让人家无法拒绝的理由，最关键的，你需要一套能组织群体活动的高效策略。为了提升你的筹谋能力，我们要分享个绝密法宝给你。这可是很久很久以前，从某个遥远的星系传下来的……

《星球大战》教会我们的组织策略

如果你没有看过《星球大战》，不妨先了解一些背景知识。

绝地武士是反叛的起义军团，他们可以用光剑把人劈成两半，并喜欢穿长长的浴袍。

银河共和国是一个博爱的跨星际政府。

帕尔帕廷议长（帕皇）表面上是共和国的领导者，实际上却是个大反派，也喜欢把人劈成两半。他喜欢的浴袍颜色是显瘦的黑色。

到了第三部电影的高潮，帕皇下达"66号密令"，控制克隆人军团突袭绝地武士和绝地圣殿。乔治·卢卡斯把这场行动命名为"武士陨落"，不过，他没能因此拿下奥斯卡最佳编剧。

成千上万的克隆人冲进绝地圣殿,杀死了里面所有的人,还毁掉了那些极具艺术价值的瑰丽建筑。

第一轮整体攻击过后,克隆人军团逐个清理剩下的绝地武士。穿黑浴袍的人越来越多,而穿白浴袍的人越来越少。最后只剩下两个活着的绝地武士了:欧比旺·克诺比,一个上了年纪的白人大叔,还有尤达大师,那个说话总结巴的绿色的小家伙。

"武士陨落"教给我们两个道理:一是要建立一个精密的安保系统,二是组织活动得有策略——先广而告之,再一个个单独拉拢。

66号密令一开始就是全面铺开攻势,帕皇的目标是将绝地武士一网打尽,所以圣殿一役就消灭了他的大部分敌人。

同理,我们组织团体活动的时候,一开始也得锁定一个比较大的目标群体。比如你可能并没有组织一场十个人一起做曲奇饼干的活动的经验,但看过《星球大战》之后,你应该知道怎么做。

先是向一群人发出邀请。如果你有个朋友群,直接在里面发个消息:"朋友们,周五晚上来我宿舍厨房,咱们一起做饼干!"要是没有现成的群,那就立刻建一个。群里的人都得是你熟悉的,大家基本也都认识。这样既能告诉大家，这是个团队活动，也能让大家看到谁会参与。

66号密令的第二部分是克隆人军团攻击脱离队伍的绝地武士。他们没有围攻整个星系，而是单独攻击每个星球上穿白浴袍的人。

同理，你的下一步，就是给群里的每个人单独发信息。比如："约翰，昨天跟你聊天真开心！西迪厄斯那哥们儿真是个'戏精'星际统治者啊！期待明天饼干派对能见到你，来不来啊？"

单独发信息，就相当于把球踢到了对方那一边。因为大家如果只是在群里看到邀请，就会觉得"反正不差我一个"，动力就会不足。在心理学上，这叫"旁观者效应"，就是责任被一帮人稀释了，谁也不会着急站出来承担。而当你单独进行邀约时，问题就不再是"这活动好不好玩"了，而是"我愿不愿意为了朋友抽空去参加"。人们对朋友的忠诚度总是大于对活动的兴趣，所以你私下里发信息，对方答应的可能性就大多了。

你可以试验一下哪种策略更适合你。有些人更喜欢先各个击破，确认了几个朋友会参加后，再邀请更多人。在我们的经验里，两种方式都是可行的。最重要的是既要广撒网，又要私下邀请，逐个争取。

交朋友并不总是一帆风顺的。大学生活意味着你得跟各种各样的人打交道，面对各种不可预料的事。时间长了，你和朋友间

图 3

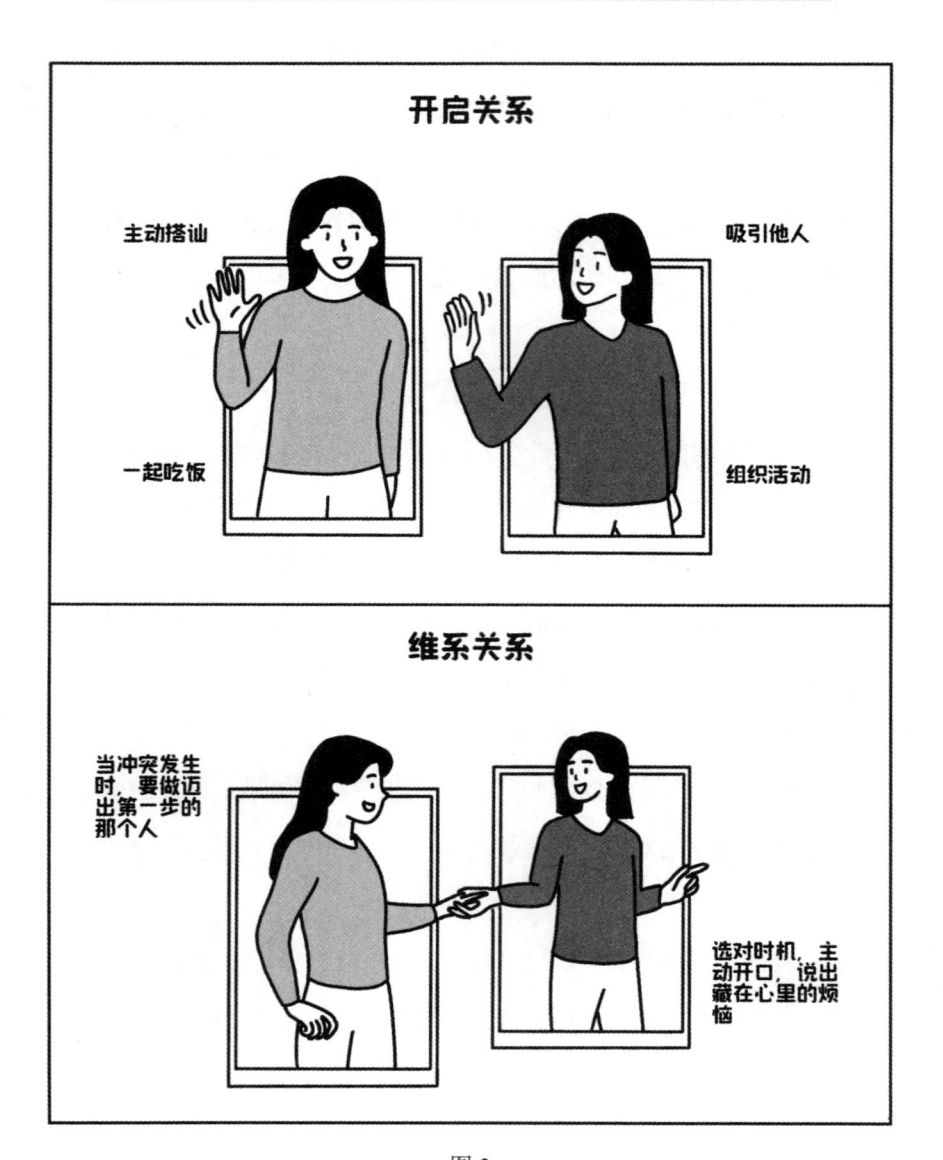

难免产生矛盾。要避免事态升级，就要记住灰姑娘教给我们的第一项技能：主动出击。

搞定室友关系

当冲突发生时，要做迈出第一步的那个人。同住一个宿舍，很难没有摩擦。比如，你不喜欢你的室友总是把房间弄得太乱，而她不喜欢你每天睡得太晚。可如果你们两人都憋着不说，你们的关系就会越来越差。

你要做的第一件事，是说出藏在心里的烦恼。就以爱乱扔东西的室友为例吧。

你挺喜欢你的室友的，她有趣，爱冒险，和你一样热爱篮球，可以说是完美的室友。你们刚住到一起时，曾一起布置房间：左边是你的区域，挂满了家人、朋友的照片和篮球明星的海报；右边是她的，有家乡的风景和宠物照片，还有帅哥明星的海报。

几周过去了，你发现房间的右边越来越乱。抽屉总是开着，海报都快掉下来了，桌子上落了厚厚的灰尘，纸屑和塑料袋到处都是，你都快看不到桌子本身是什么颜色和材质的了。你有些担心了，因为你爱干净，但你也不想因为这个吵架。

你决定不说什么。你心想，刚开学，大家都很忙，也许等她闲下来，就有时间收拾了。

两个月之后,你们的房间好像成了一个"战区"。火灾警铃上挂着袜子,门口放着外卖比萨盒。你眼睁睁地看着一只"小强"爬过一摞衣服。走回自己床上的时候,你差点被地上的果酱滑倒。你知道自己必须和室友谈谈了。

表达不满总是让人头疼,但是有办法可以避免这种痛苦。首先,要早点说出来。你心里的烦恼,对方可能一点都感觉不到。你说得越清楚,对方就越容易明白,也更有可能改变。你那爱乱扔东西的室友可能根本就没意识到你有多爱干净。沟通清楚能给她一个改变的机会。

其次,得选对时机。找个压力小一点的时候,比如,期末考试后,而不是考试前那晚。在提出不满之前,可以先聊聊你们都要面对的事情,比如学习上的困难。

进入正题时要注意,开场白得正面。如果你跟室友关系还不错,肯定有不少需要感激对方之处。对已婚夫妇的研究显示,对彼此进行正面评价的数量至少是负面评价的五倍的夫妻,关系更持久。虽然你跟室友不是夫妻关系,但是你们要共用一个卫生间,会争论是谁把屋子弄脏的,甚至还一起失眠,所以从某种程度上来说,你们的状态也跟结婚过日子差不多。

先营造出一个比较好的氛围,再说出你的不满。冷静、克制地交流,才能帮你们达成共识。重要的是,你得主动开口。主动出击不仅能开启关系,还能维护关系。

"被拒绝"的意思是"再试试"

我们来复盘一下尼娜的故事：她是怎么主动出击，改变自己的命运的？她给各个跳伞俱乐部、游船公司、旅游公司打电话。每次拿起电话，她都离目标更近一点。

尼娜知道，光打电话是不够的。多数人可能会拒绝她。她猜得没错。打给二十多个人，只有甘普愿意帮她去内克岛。但她每次被拒绝后，都不会就此打住，而是继续思考两个问题：为什么他们不帮她？他们推荐她找谁？

每次遭到拒绝，她都试图分析原因。为什么她不能跳伞？因为内克岛是私人领地。为什么导游不带她去？因为他们没有许可证。那谁有许可证呢？

这一连串的自我对话，最终引领她找到了甘普：一家跳伞俱乐部推荐了游船公司，游船公司又介绍了导游，最后导游告诉她，可以去找甘普。环环相扣，每个人都帮尼娜往前一步，一起助力她走到了最后。

在这个过程中，尼娜的秘诀是倾听。这个常被大家忽略的技能让她将零散的点连成线。每一次失败的对话都让她离目标更近了。不仅是对尼娜，倾听对于我们所有人来说都是一项至关重要的能力，会影响我们一生，尤其是大学时期。

特别分享

我经历过的"主动出击"的例子

李奕

1

本章分享的安娜弹奏尤克里里的故事我很喜欢。一个本来不太擅长社交的女孩，通过弹琴的方式，让大家主动来和她打招呼，由此和同学们成了朋友。

这里的关键点在于"创造一个你可以和他人认识的契机"。安娜用的方法是自己带着一把尤克里里，让大家好奇，从而主动向她提问"你能弹一首曲子吗"，给了别人一个搭讪的机会。这个技巧非常神奇。

我在刚进入麦肯锡洛杉矶办公室工作的时候也用过一个异曲同工的方法。当时我们办公室要拍一个视频，我就主动担纲负责策划和为大家拍摄。借着这个由头，我和办公室里的每一位同事都有了认识的机会。有一个理由去认识他人，总是比直接搭讪要简单得多。

2

本章还分享了办群体活动时可以采用的"《星球大战》策

略"：先广撒网，再各个击破。我刚回国的那两年，在北京也有很多办集体活动的经验。当时我的室友陈霖是个做饭超级棒的川妹子，她其实是比较内向的，但我发现可以好好利用她会做饭的特长，来认识新朋友们。

她设计了一个菜单，我们经常叫朋友们来家里吃饭，让大家点菜。慢慢地我们就有了一个"陈霖小厨房群"，群里有大几十号人，过节的时候我们还会找更大的场地，组织包饺子之类的活动。这个社群也让很多朋友之间有了联结。

所以，其实组织聚会的人不一定非得是那个最外向、最擅长社交的人。想想自己有什么独特技能，比如下厨、制定旅游攻略等等，让它们成为将小伙伴们聚到一起的黏合剂。

我个人觉得，做活动的组织者往往比做参与者更容易。说实话，我也不喜欢要和很多陌生人社交的场合，走进一个谁都不认识的派对，我也会很紧张。但是如果我是组织者，即使来的人并非个个都见过我（比如朋友邀请来的朋友），大家也都知道我是谁，会主动来和我打招呼，感谢我的招待。

希望我亲身经历的这两件小事可以对你有所启发，让你找到一些把文中的技巧运用到自己生活中的灵感！

请勇敢地迈出建立人际关系的第一步吧！

第三章

认真倾听

"大多数人倾听并非为了理解,而是为了回应。"

——斯蒂芬·科维
（Stephen Covey）

门铃一响,纳特和佐伊的聊天戛然而止。他们紧张地坐直了身子,眼睛紧盯着门,好像随时准备应对突发状况。虽然有了一些经验,但每晚的第一个访客总能让他们心跳加速。

佐伊起身往门口走的路上,心里还在默默预演接下来要发生的对话。她用微微出汗的手去转动门把手,提醒自己一定要好好倾听。

佐伊拉开门,微笑着说:"欢迎来到13号房间[1]。"

站在门外的学生一时语塞。她眼睛里布满血丝,先打量了一下房间,视线从一罐饼干、一堵宣传册墙以及还坐在椅子上的纳特身上扫过。她犹豫着进来了。

"你想聊聊吗?"纳特起身问道。

学生点点头,双手深深地插在牛仔裤的口袋里。纳特示意她跟着佐伊走进里间。

---

1 "13号房间"是哈佛大学一个神秘的支持性组织。本章的场景、人物、故事都是虚构的。如有雷同,纯属巧合。

里间的布置和外间差不多，不过中间放了一个紫色的大沙发。沙发对面是两把同款紫色的椅子，纳特和佐伊各自坐下。学生走到沙发前坐了下来。

　　纳特打破了房间里的沉默："那么，你现在感觉如何？"

13 号房间

哈佛大学塞尔堂地下藏着一个叫"13 号房间"的神秘空间。每天晚上 7 点到第二天早上 7 点，两位匿名的哈佛本科生在此守候，等人来敲门谈谈自己的心事。这个房间不仅容纳了一个同龄人心理支持小组，还是校园里的一个传说。人人都知道，13 号房间里的学生都是校园里最懂得倾听的人。

1970 年，哈佛的姐妹学校拉德克利夫学院的毕业生玛格丽特·麦肯纳创立了 13 号房间，最初是用于提供应对毒品问题的热线服务。多年后，拉德克利夫学院并入哈佛，这个房间也逐渐发展成为一个针对各种问题的心理辅导小组的办公室。由 30 多名本科生组成的团队每晚安排两个人坐镇，等着同学们带着他们的困扰、疑惑或者纯粹的聊天需求走进来。从大一新生的压力到自杀倾向，大家在这里无所不谈。

作为哈佛学生，大家总是会努力展示自己最完美的一面。尽管这样做有助于他们看起来更自信，但这也是一把双刃剑。大家都不太愿意跟他人提及自己遇到的难处，总是用各种成就来掩饰，甚至用接下来的计划和安排来逃避（"我也想聊聊，可我现在得赶紧去……"）。因此，要到13号房间这样的地方向不认识的人吐露心声，是需要鼓足勇气的。

有趣的是，13号房间已经成为哈佛最成功的组织之一。校园里的其他社团大多只能撑三五年，13号房间却像个老寿星一样，几十年如一日地守护着大家。就像麦肯纳说的那样："这地方一直都是这样。每晚7点到第二天早上7点，都会有一个男同学和一个女同学值班。从一开始，我们就每周开一次会，讨论应该如何进行心理疏导。就连电话号码都从没变过。"

每年有100多名学生申请成为辅导员，其中约15人能被选中接受培训。13号房间证明了它的模式有多成功，以至于1970年以来，哈佛的学生们已经模仿它成立了五个相似的辅导小组，讨论的问题从性侵到进食障碍，不一而足。

13号房间为什么能够在哈佛校园产生如此积极的影响？

原因或许是：这些学生辅导员有一种独特的倾听方法。

在每学期开始前，13号房间会对被选中的辅导员进行"非指导性、非评判性"的倾听培训。这意味着辅导员们在实践中很少提供自己的观点、故事或建议。相反，他们会提问、阐述问题或者简单地表示肯定。他们几乎不在谈话中提及自己。他们的目标只有一个：理解和共情那个正在向他们倾诉的人。

倾听，最初的灰姑娘技能

倾听或许是学校所教的技能里最不受重视的。戴维·努南甚至把它叫作"最初的灰姑娘技能"，因为我们总是只关心说得怎么样，却忽略了听的艺术。这真是一件憾事，因为相较于表达，倾听对于人际关系的建立更关键。

哈佛大学的神经学家戴安娜·塔米尔研究发现，谈论自己能带来短暂的愉悦感。在自我表露的过程中，大脑中的活动和吃东西或者发生性行为时的化学反应差不多。简而言之，就是大家都爱说自己的事情。而如果我们能认真地听别人说话，就能让对方感觉特别好。

让人们聊聊自己的事其实挺容易的。塔米尔教授做了个实验：给实验对象发钱，让他们选择要么回答跟自己有关的问题，要么回答客观的事实性问题。谈论客观问题能让他们挣得更多，但大家还是倾向于选择谈自己，哪怕报酬少一点。结果显示，人们平均愿意放弃 17% 的收入，只为了能多聊聊自己。人们就是如此喜欢被听见的感觉！

人们不仅喜欢被关注，大部分还很不善于倾听。研究表明，在聊天过程中，人们有将近一半的时间都在说自己的事。但如果问问周围的朋友，他们大多会觉得自己更多时候是在听别人说话。

现在，想想看：你自己在聊天时是不是也这样？你可能会担心，如果不多谈论自己，别人会觉得你不合群。而实际上，人们在谈论自己的时候，通常会对那个正在倾听的人产生信任感。

做个好听众，不是只会问一大堆问题，因为那样反倒会让谈话变得像面试一样令人尴尬。你要做的其实是保持积极的倾听状态，但又不过分引导对话。13号房间的辅导员们都得练习这种微妙的平衡之术。

倾听，而非建议

"那么，你现在感觉如何？"

纳特问完许久，紧张的学生才开口。

"我想听听你的建议。"

她开始慢慢讲述，她的前男友总是联系她，让她很困扰。她心里还有他，但分手后她又想彻底断了联系。纳特的脑海里闪过自己的经历——他刚和女朋友分手。但他想起了13号房间的信条"对话并不是关于你的"，忍住了插话的冲动。纳特也许经历过类似的事,但他并不清楚这个学生的真正感受。于是他问了另一个问题。

"你说你觉得很矛盾,这种感觉是什么样的?"

紧张的学生继续讲述她的故事,她确实感到很矛盾。一方面,她答应朋友们不再和前男友联系。她不想重蹈覆辙,断断续续地承受痛苦。另一方面,她心里对他还有感情。他们分手的原因之一是她去国外做了一个学期的交换生。可是,六个月过去了,她对他的感觉一点也没变。

另外,她最近和另一个男生约会了几次。同时跟两个人交往是不是不道德呢?他们并没有谈论过彼此之间的关系是不是一对一的,但她心里一直有这层担忧。

故事讲完后,她转向13号房间里的两位辅导员:"我该怎么办?"

这个问题很难立刻给出答案。她说的每一句话,都有很多细节上的差别。在这种时刻,有些人可能会根据以往的经历直接给出建议,或者不知不觉开始讲述一个相似的富于挑战性的经历。但在13号房间里,辅导员们知道他们不可能完全理解整件事情。他们更愿意深入地理解问题,而不是急于给出解答。

佐伊巧妙地回应:"我无法完全理解你现在的处境。"她并没有给出建议,而是引导求助者自己来探索答案,"听起来你很理性。在这种情况下,你的理性自我会怎么选择?"

求助者:"她可能会选择不再和前男友来往。"

"我明白了。"佐伊回答,"但你对他还存有感情,是吧?那你的浪漫自我会怎么做?"

求助者又给出了回答。她的浪漫自我可能会邀请他一起散步。除了这两个最重要的自我,佐伊又询问了其他几个自我,例如害怕的自我、愤怒的自我和孤独的自我。慢慢地,求助者自己找到了问题的答案。

如何成为更好的倾听者?

13号房间的辅导员们将对话视为一道道的"门"。他们不会强迫来访者谈论任何话题,而是通过提问和总结来"敲门"。来访者自己决定打开哪道门以及对话的走向。

在前面的例子中,佐伊运用了一种被称为"多元心智理论"(multiple minds theory)的技巧。这一理论受到哈佛谈判专家戴维·霍夫曼(David Hoffman)的推崇。该理论认为,我们每个人的内心都存在着多种多样并且往往相互矛盾的情绪状态。我们只有表达出这些不同的状态,才能完全理解自己的感受。通过设身处地地体验每种情绪状态(比如愤怒的自我、孤独的自我、幼稚的自我等等),我们能够更深刻地洞察自己的情感和心绪。

成为一个出色的倾听者需要掌握理论知识，积累实践经验，还要学会真诚地关心他人。优秀的倾听者并没有什么神秘的能力，他们只是遵循一些基本步骤来提升自己的对话技巧。他们会提前做好准备，在对话过程中提出开放式问题，并一直积极倾听。

让自己的身体准备好

为了更好地倾听，我们需要确保自己的身体语言与口头语言保持一致。2010 年，哈佛心理学家的一项研究表明，我们有将近一半的清醒时间在想与手头活动无关的事情。在对话中，这种心不在焉——比如四处张望、含糊地回答、毫无顾忌地盯着手机的样子——很容易让你露出破绽。

因此，在对话开始前，要去除一切潜在的干扰因素。把手机屏幕朝下放在桌子上（别担心，你的暗恋对象现在肯定很忙，不会联系你的），把笔记本电脑关上。这样做会让对方感觉到你是全神贯注的。调整到一个舒适的姿势，表明你愿意投入所有必要的时间来倾听。如果是站立交谈，双脚要面向谈话对象，因为如果你的脚摆成了"L"形，那往往意味着你想结束谈话。

此外，还要确保周围的环境适宜谈话。如果周围很吵，就要换一个安静点的地方。如果有可能被人打断，就要去个更私密的角落，比如 13 号房间这种绝佳的谈话空间：宁静舒适、与世隔绝、无人打扰。你甚至可以提议一起去散步。

给予鼓励

过度的反馈会打乱对话节奏，但适当的鼓励能让对方感觉自己真的在被倾听。作为听众，保持积极倾听的状态，点头或使用"嗯""是的""对"这样的词进行回应，能给予对方正面反馈。要根据对方话语的起伏调整你的面部表情。比如，在哈佛，人们会以打响指的方式表达对某个观点的认同。一开始尝试这些方式时你可能会觉得有些不自在，但对说话者而言，这是极大的鼓励。对于紧张的演讲者来说，没有什么比一个全神贯注的听众更让人欣慰的了。

倾听练习

正如所有基础技能一样，倾听能力也是可以通过练习来提升的。哈佛大学心理咨询中心的前副主任苏珊娜·雷纳创办了一个工作坊，邀请学生们反思自己的倾听方式。这个练习某种程度上是一种游戏，可以和同伴共同完成。所以，如果你朋友在附近，不妨叫他过来跟你一起。

让你的朋友先开始。让他们闭上眼睛，或者戴上眼罩来增加沉浸感。然后你设一个 7 分钟的定时器。在这 7 分钟里，你不能笑、出声或以任何方式让对方意识到你在场。这个练习的目的是强调在沉默中保持专注的重要性。然后，告诉你的同伴，接下来的任务是，他要讲 7 分钟的话，而你负责在一旁安静地计时。讲完后，双方交换角色——你闭上眼睛说话，你的同伴睁开眼睛认真倾听。

起初，你可能会觉得这个练习有些奇怪：谁能听别人说 7 分钟的话而一言不发呢？更奇怪的是：怎么可能连续不停地讲 7 分钟而不需要任何回应呢？

多数人会觉得前两三分钟自己说的话很无趣，就是平时心里想的一些琐事，"这门课挺好的""我真不喜欢下雪""这个游戏真是太奇怪了，哈哈哈哈哈"。

但讲到 3 分钟后，话题就会变得深入，每个人都会开始谈一些自己之前都没想过会谈到的事。到了 7 分钟的时候，很多人就已经分享了自己的生活经历，尝试着解决问题，或者说出一直困扰他们的小问题。也不是每次分享都能带来启发，但大家通常会对自己自由流畅的表达感到惊讶。很多人觉得，通过这样两轮 7 分钟的单向分享，他们对彼此的了解比进行半个小时对话了解的还要深。

这个练习足以说明,倾听的力量远超我们的想象,它能深刻影响对话的深度和方向。当一个人有空间自由表达时,对话就会按照他的思路进行下去。而一旦倾听者插话表达自己的看法或者发出肯定的声音,对话就可能偏离原本的轨迹。

在平时的交流中,我们并不需要真的一言不发或者一点表情都没有。但要记得,你说的话、你的表情、你提问的内容甚至是语气都可能会影响对话的走向。在提问之前先想好,这个问题是为了满足自己的好奇心还是为了让对方更完整地表达自己。只有在第二种情况下才有打断对方的必要。

积极倾听

在你开口之前,不妨试试"积极倾听"这个方法。对方停下来后,你要先总结并复述他的话。比如朋友抱怨物理课很难时,别急着开玩笑,而是回应说:"听上去物理课确实很有挑战性,你能选择这门课很有勇气。"这样朋友就能感觉到你在认真听他说的话,你们的关系会因此更加紧密,对话也会更顺利地进展。

积极倾听的效果远比你想象的好。比如,当朋友说"唉,理查德真让我头疼,他总觉得我们在一起的时间不够长"时,你可以这样回应:"听起来他挺依赖你的,是吗?"这种确认的方式能让对方知道你是真的理解他的感受。在这种情况下,即使你理解错了,对方也会更愿意纠正你。人们被误解时会感到沮丧和孤独,所以,如果你是以询问的语气来确认对方的感受,对方就更愿意开口分享自己的真实想法。

像其他技能一样,积极倾听也可能被过度使用。正如哲学家吉杜·克里希那穆提所说:"当你倾听某人时,不能只听他所说的话,还要听他传达的情感。要听整个信息,而不仅仅是其中的一部分。"复述对方的话是一个很好用的工具,有助于你理解你的朋友。不过,如果你觉得自己不适合这种方式,那也没关系,可以先缓一缓,然后再去尝试新的方法。

学会提问

在与人交流的过程中,你不能只是一味地听对方说。当谈话内容变得单调乏味或者流于表面,你就要适时介入一下,让谈话变得更深入、更精彩。这个时候懂得如何提问就显得尤为重要了。

比如,你的朋友在谈论学习上的挑战:"我最近上的量子力学课程太难了,特别是那些数学题。"听到这样的话,你可能会本能地问一个简单的、能用"是"或"否"来回答的问题,让对话戛

图 4

然而止。

看看这个例子：

你："那你是不是就不喜欢数学了？"
朋友："是的。"
（你大脑快速运转，想着如何赶紧结束对话。）

要避免出现上面这种局面，要尝试问开放式问题，给对方思考和表达空间，从而引领对话。问"为什么"通常是个不错的选择。

当然，"为什么"这个词并不是我们发明的。孩子天生都是提问"为什么"的大师，他们就是用这种方式来学习新事物的。连丰田公司都是用类似的方法来解决制造过程中的问题的。他们用所谓的"五个为什么"来追溯问题的根本原因。下面是一个有关汽车出故障的例子：

为什么？——电池没电了。
为什么？——发电机坏了。
为什么？——发电机皮带断了。
为什么？——皮带老化了，但没及时更换。

为什么？——车子没有按照要求定期保养。

那么，如果你用这个方法问你的朋友"为什么"，又会是怎样的一番场景呢？

为什么？——因为数学有时很无聊，我解题总是很慢。
为什么？——高中时我数学就没打好基础。
为什么？——我父母工作忙，没空提醒我做作业。
为什么？——他们自己压力很大，所以关心我的时间就很少。
为什么？——可能是他们觉得要用金钱来证明成功。
为什么？——社会环境就是这样，大家都很"卷"。
为什么？——我哪知道！谁又能说清生命的意义呢？！
为什么？——（此时你的朋友可能已经因为存在主义的困惑而退出了谈话。）

这个例子说明了两个问题：如果你想让对话更深入，简单的"为什么"通常非常有效。但如果过度追问，就可能让朋友受不了。因此，建议在一次对话中不要问超过五个"为什么"。

"为什么"之所以有效，是因为它适用于多种情境，而且被提问者通常不能简单地回答"是"或"不是",而是必须深入思考。"为什么"就像是一种能深挖信息的工具,你可以根据从对方的回答中发现的信息来进一步分析和理解。

你还有其他想聊的事情吗?

两个小时过去了,纳特和佐伊与那位来访的同学都感到筋疲力尽了。佐伊按揉着自己的脖子,屋里到处都是用过的纸巾,桌上的饼干罐也空了一半。

纳特轻声问道:"你还有其他想聊的事情吗?"

这位同学摇了摇头,快速地向他们道了谢,起身离开了。门被轻轻地关上,发出轻微的嘎吱声。

纳特和佐伊靠回椅背上。自从那个同学走入房间以来,他们先后聊了学业的压力、前男友的烦恼,还有对大一结束的恐惧。耐心地听别人讲20分钟已属不易,而他们两个已经坚持了两个多小时。

虽然"战线"拉得很长,但这两个辅导员都感到很兴奋。他们倾听了一个人的故事,并通过全神贯注的倾听让那个同学的情绪和生活态度都有所改观。

如果你真的细心倾听了,你就会意识到,完成这场对话并不容易。来访者愿意向纳特和佐伊分享自己很少对他人提起甚至从未与任何人提起的事情，有勇气袒露自己的脆弱之处，这两位学生辅导员才有机会利用自己娴熟的沟通技巧来引导对话，从而帮她解决问题。这也从另一个角度说明，坦陈脆弱，会产生无与伦比的力量。

正是这种脆弱中展现的力量构成了13号房间的核心理念。在"主动出击"和"认真倾听"之后，这便是你要学习的第三项技能。

> 特别分享

我用七分钟要到他的电话号码

李奕

我特别喜欢旅行,也喜欢分享旅途中偶遇陌生人的故事。

我常收到的一个问题是:如何才能跟陌生人无障碍交流?

首先要说明的是,很多人以为搭讪能力是外向的人与生俱来的,而内向的人是永远无法搭讪的,其实不然。和任何能力一样,与陌生人自然交谈的能力也是可以后天培养的。掌握了观察环境、认真倾听和正确提问的方法,内向的人也可以轻松搭讪。

所以今天这篇文章,我就拿一个曾经发生在我身上的小故事,来阐述一下我的"搭讪方法论"。

一个周日上午,我要从洛杉矶东边的帕萨迪纳前往洛杉矶西边的圣莫尼卡。为了省钱,我选择了Uber(优步)拼车,接到我之后,司机一路上还会接其他顺路的乘客。

车子出发没多久,就来到了一家酒店的门口,上车的是一个目测三十岁左右,穿着休闲的男生。

他一上车,我便习惯性地打了声招呼,接着问他:"你去哪里？"

他回答："去帕萨迪纳会展中心。"

搭讪技巧 1：从当下环境出发，进行破冰提问。

既然同乘一辆车，提问对方要去哪儿是非常正常的。同理，在咖啡店里可以问对方："嗨，你知道这里哪种咖啡最好喝吗？"坐地铁时可以说："你知道离某某站还有几站地吗？"

我又接着问："你从哪里来？"

"波特兰。"

问这个问题是因为他住在酒店，显然不是当地人，一定是在旅行。这也是观察当下环境之后产生的提问。

"是嘛！我的好朋友也是波特兰人，她家开了波特兰最好吃的中餐馆呢。"

他果然提起了兴趣："真的吗？是哪家餐厅？"

搭讪技巧 2：寻找共同点。

共同点可以是故乡。如果对方是英国人，可以说："我在伦敦住过一个夏天呢！"如果对方是西安人，可以说："我巨喜欢吃肉夹馍！"共同点也可以是任何其他特点，"我也喜欢来这里买书""我也有一副这样的耳机"。对于那些和我们有共同点的人，我们总是感到更加亲近。

接着我又问他去会展中心是参加什么活动。提起这他就更来劲了，话也多了起来。"我是去参加一个展览会，关于高性能技术的。我对于这类能提高人体潜能的产品很感兴趣，比如如何最大化效率、如何提高智商。展览会上会有很多公司介绍他们的科技和产品。"

搭讪技巧3：根据对方的回答来进一步提问。

既然他之前提到了是去会展中心，接着问去干吗是再自然不过的了。尤其是如果对方的回答听起来比较有热情，那一定是问到了他愿意分享的点，不如认真倾听，然后继续聊下去。

我对他的回答也很感兴趣，想了解一下，便点点头，向他表示我在认真听，鼓励他继续讲下去。

"比如很多公司都研究可穿戴技术，检测你的脑电波，然后帮助你优化使用你的大脑。"他给我举例。

"哦，我明白了。其实我认识的一位学长几年前辍学，就是去做这个了呢。"我告诉他，"不过他现在把公司卖了，又回来上学了。"

搭讪技巧 4：主动展示你对这个话题感兴趣，分享你了解的事，让谈话产生互动性。 如果对方说了一大堆，你连一句话的反应也没有，那恐怕就聊不下去了。这时候，要扮演好"感兴趣的倾听者"的角色。

即使你对这个话题不太了解，也可以问"我听说做你们这行的人/你们那儿的人都（特别聪明、特别勤劳、特别有创造力等等——尽量挑一些正面的形容词），是这样的吗？"或者坦诚地说："这我以前还真没听说过，不过挺有意思的。有什么例子吗？"

听他介绍完，我接着说："其实我的看法有点不同，尤其是对于提高智商这一点。一来，对于智商到底应该如何测量，至今仍没有定论。二来，我认为比起智商，情商更能决定一个人的成功，而情商不是科技可以改变的。"

搭讪技巧 5：发表自己的观点，激发进一步的讨论。

你当然可以同意，也可以不同意对方的观点，但要注意的是，即使观点不同，也不要激烈争论。"我的看法有点不同"和"我觉得你是错的"听起来可是完全不一样的。

他果然觉得我的观点挺有意思，和我探讨起情商的重要性来。

从酒店到会展中心没有几公里，我看了看导航，显示到会展中心还有四分钟。我对他另一个好奇的点是他的职业，见时间不多，我便直接问了："你对提高效率这么感兴趣，你的工作一定不容易吧？"

搭讪技巧6：用前一个话题过渡，转换到下一个话题。

谈话过程中，如果你不想在一个话题上继续下去，可以主导话题走向。为了转换话题不生硬，可以利用前一个话题来过渡，比如我从最大化效率过渡到工作，就是很自然的过渡。

搭讪技巧7：用开玩笑的方式委婉提问。

不是所有人都愿意和刚认识的人分享自己的工作和私人信息。如果我直接问"你是做什么的"，也许会让对方陷入不愿意回答却不得不回答的尴尬境地。但我带着玩笑的语气说"你的工作一定很不容易吧"，对方就可以回答"没错，我工作是很辛苦"或者"没有啦，我工作挺轻松的"。如果他愿意分享，自然会接着聊到具体的工作性质；如果不愿意，话题就此打住也不会尴尬。

他告诉我他有自己的公司，是做抗衰老护肤品的，目前有几百万美元的市值。当 CEO 要做的很多，所以他才对这些提高人体潜能的科技特别感兴趣。

听他介绍完，我解释道："我大学专业是经济学，现在的工作是管理咨询，所以才对你的工作这么好奇。"

他倒是一点也不惊讶，表示自己对管理咨询的方法论很感兴趣，还告诉我咨询界有名的 Victor Cheng（维克托·程）是他的 CEO 教练。

我对 Victor 的 CEO 教练服务早有耳闻，没想到居然在出租车上见到了他的客户。

此时导航上显示我们还有一分钟就到会展中心了，我很想再多问他一些关于 Victor 的问题，可惜时间不够了。

于是我提出之后可以跟他分享我在工作中学到的方法论，问他能不能给我邮箱，以便保持联系。

搭讪技巧 8：要联系方式的时候，说明你能提供什么。

如果对对方的经历感兴趣，想要继续交流，要名片或者电话也未尝不可。但如果不想显得太尴，最好给对方一个保持联系的原因，比如"刚才我们说起的那家餐厅，我回头把地址发给你""我看过一篇关于这个话题的不错的文章，回头可以分享给你"。这样能为之后的再度联系打下基础,而且能大大提高要到联系方式的成功率。

果然,他欣然留下了邮箱和电话号码,感谢了我,然后下了车。

这一切发生的时间,刚好七分钟。

其实过去的我也是一个慢热的人,和很熟的朋友在一起特别疯,而在陌生人面前却会小心翼翼,不敢说话。

旅行改变了我。独自旅行的时候不得不向陌生人求助,遇到的好心人和形形色色有趣的人让我发现,其实每一次和陌生人的对话都会带来意想不到的收获。

即使不在旅途中,我们也一样可以有一颗对陌生人的好奇之心,因为你永远不知道下一个改变你人生的人会在哪个转角出现。

第四章

拥抱脆弱

"能否拥抱脆弱是衡量一个人是否勇敢的最佳标准。"

——布琳·布朗

哈佛大学学生泰勒·卡罗尔有一头笔直的金发、一双明亮的蓝眼睛和迷人的笑容，看起来就像偶像男团中的成员。他跟人见面时会主动握手拍肩，就好像两个人是老友重逢一样。他会认真听别人说的话，对别人的观点表示认可，别人讲了什么笑话，他也会特别捧场。遇到这样的人，你会不自觉地想要靠近，想要与他成为恋人或朋友。不过你得排队，因为他不仅颜值高，还是个才华横溢的歌手和吉他手，常在全国巡演。

其实你对泰勒并不是很了解。你对他有点好奇，有自己的猜想，却并没有真正认识他。直到有一天晚上，在一次聚会上，你俩聊天，你问他是怎么进入音乐界的，他回答说"音乐救了我的命"——这句话让你放下酒杯，凑得离他更近些，认真听他讲。

泰勒 11 岁时在棒球场摔断了胳膊，几周后还没好。血检显示，他的白细胞计数是正常的 25 倍，后来他被确诊为一种罕见的晚期白血病。化疗和放疗让他的骨髓衰竭，他在隔离病房度过了数月。

住院期间，作曲家马特奥·梅西纳探望了他，两人一起创作了一首交响曲。泰勒做了骨髓移植，康复后和马特奥合作完成了一首歌。许愿基金会安排他跟声乐大师塞思·里格斯学习音乐。5年后，16岁的他康复了，开始参加慈善演出，为癌症研究筹款上千万美元，至今他依旧热爱音乐表演。

他将自己的故事娓娓道来，偶尔开个玩笑缓和气氛，却始终保持真诚。虽然也有人会质疑他的用心，但你能感受到，他并不是在博取同情。你只是随便问了一个问题，却没想到他跟你分享了这么多。

第二天见到他时，他依旧笑容满面地喊你"兄弟"。或许其他人对他的了解还停留在表面，而你已经认识了真正的泰勒。因为你们之间的这段特别的经历，你愿意支持他、赞美他。他是一个具有正能量的人，让你深受鼓舞，而正是他愿意分享自己脆弱之处的勇气，让你们成了真正的朋友。

脆弱中暗藏着巨大的力量

2012年,美国马里兰洛约拉大学的研究员坎迪斯·费斯塔调查了可以预测大学中同性之间友谊质量的因素。对176名学生的研究发现,性别、班级地位、外向程度都在不同程度上影响了友谊的质量。然而,令人惊讶的是,"人际交往中的自我表露能力"在预测友谊质量方面起到了特别大的作用。这是为什么呢?

人际交往中的自我表露能力,也称"展现脆弱的能力",它之所以强大,是因为我们天生不相信那些呈现出"完美"形象的人。幸运的是,你并不完美——你会说错话,会在吃饭时弄得一片狼藉,会每天浪费很多时间看搞笑视频。然而,在社交场合中,你很少向他人展示出这一面的自己。

从上大学的第一天起,你就希望自己表现得无懈可击。跟教授交谈时,你试图表现得见多识广而又自信满满。不过,当你独自坐在宿舍里给高中时期最好的朋友打电话时,你可能会把压力

图 5

和不安全感一股脑地倾诉出来。实际上，你被无数新认识的人和作业压得快要喘不过气来。你对参加的社团没有信心，对选择的专业更没有信心。而且，你的父母又吵架了。除了在电视剧和综艺节目里追捧几对 CP（情侣），你的感情生活毫无进展。

然而，你并不孤单。就连小说和电影中的超级英雄也都不是完美的。他们每个人都有自己的弱点，正因如此才引起观众的共鸣。心理学中有个名词叫"出丑效应"，它解释了我们为什么会对犯错的人更宽容、更喜爱。如果是本来就不怎么样的人犯错，我们可能会更加讨厌他们。但如果是我们钦佩的人犯错，我们反而可能会更加喜欢他们，因为这让我们觉得他们更加真实、更容易共情。在某些情况下，弱点也可能变成吸引人之处。

我们都知道生活充满不完美，但还是会害怕暴露自己的弱点。每当泰勒谈论起他的患癌经历，他都是在放弃控制——朋友们听了他的故事，可能会用不同的眼光看他，会开始可怜他，而不再像以前一样崇拜他。这是一个有风险的行为。"脆弱"（vulnerable）一词来自拉丁语词根"受伤"（vulnare），本身就给人一种不寒而栗的感觉。当我们向别人敞开心扉时，我们会担心自己受伤。而当我们表现出脆弱时，也会觉得自己很软弱。为什么会这样？

根据得克萨斯州的教授和研究员布琳·布朗的说法，分享脆弱的困难源于羞耻感。如果他人真的了解了你的全部，像你了解你自己那样,他们是否能接受?也许不能。对此你很担心。

我们都会把自己与周围的人做比较。但是,你不太可能把完整的自己和完整的另一个人进行比较,所以在绝大多数情况下,你比较的都是个别的品质。比如,阿比的数学比你强,帕特的身材比你好,山姆受邀参加的聚会比你多。无论大家的整体情况如何,只要有人在某一方面比你优秀,你就会觉得羞耻。

所有人都有一些不愿分享的事情。可悲的是,人们都出于恐惧而隐藏自己的弱点,导致彼此之间无法建立更有意义的连接。因此,请敞开心扉吧。所有人都不完美,而且你们可能有相同的不完美之处。彼此相似,往往可以产生吸引力和信任感。不要害怕展现脆弱,因为那往往有助于我们建立更深层次的联系。

名字相似的人更容易互相吸引

心理学家理查德·科佩尔曼(Richard Kopelman)和多萝西·兰(Dorothy Lang)在1985年进行的研究可以说明相似的重要性。他们在研究中发现了亲密关系中一个令人惊讶的秘密:我们更容易被名字与我们相似的人吸引。比如,斯蒂芬(Stephen)喜欢斯蒂芬妮(Stephanie),约翰(John)喜欢琼(Joan)……

这种无意识的偏见在其他领域也同样适用。对小额信贷公司

Kiva 的研究发现，负责放贷的人更有可能给与自己姓名首字母相似的创始人提供资金。实际上，并没有证据表明一个人的姓名首字母与他的信誉度相关，所以这项研究表明了一个简单的事实：我们潜意识里更信任那些与我们相似的人。

在人际交往中，某些方面的相似性，比如核心价值观一致，对深入发展一段关系更为重要。佐治亚大学的莉莲·伊比研究发现，师生关系的最佳预测指标是共鸣度。尽管表面上的相似性，比如种族和家乡，有助于开始建立关系，但相似的核心价值观最能预测一段关系的长期成功。你和你的导师或同伴的价值观越一致，你们越有可能维持一段长期的、有意义的关系。

而要发现深层次的相似性，人们需要经常分享，敞开心扉。布琳·布朗研究数百人后发现，人们能否感受到爱和归属，有个因素至关重要：勇气。现代生活中，我们总将"勇气"与见义勇为的事迹联系在一起，而实际上，这个词早期的意义是"敢于表达自己内心真正的想法"。正如我们在泰勒的故事中看到的，要勇于展示自己的不完美，别人才敢和你建立进一步的联系。

向教授表露脆弱

你可以试着向教授敞开心扉。每位教授每学期都要教数十名甚至上百名的学生，并且还有很多研究工作要做，所以他们总是很忙。在他们看来，坐在教室里的每个学生都没什么区别。学生们很少与自己的教授直接对话，更不用说跟他们分享自己生活中有意义的事情了。

向教授敞开心扉要比向朋友敞开心扉更加困难，但回报也会更大。大部分教授都希望自己能对学生的人生产生影响。遗憾的是，他们在下课之后几乎就没有这样的机会了。因此，如果你愿意主动向教授表露自己，那就是在为你们之间建立更有意义的连接创造机会。接下来你将会看到，学生与教授之间可以建立更深远、更长久的关系。

亚当的故事

哈佛大学的大三学生亚当发现自己不会谈恋爱。他已经交往过四个女朋友了，每一次都是他被抛弃，其中一个女朋友甚至说亚当是变态。亚当觉得自己很善良，也很会照顾人，可是，只要一跟女朋友发生争执，他就会不知如何是好，甚至会采用冷暴力。他也曾试图改变自己，用尽沟通技巧，并没有将一切问题推到对方身上，而是真诚地谈论自己的感受并努力倾听对方。然而，他似乎总是"抓不住重点"。

当时，亚当正在选修一门关于谈判的课程。某个星期一中午，他决定尽快吃完午饭，然后去办公室找这门课的教授进行面谈。一直以来，从没有学生来找自己面谈过。哈佛国际谈判项目的主任丹尼尔·夏皮罗教授看到他很是惊讶，他请亚当坐下，跟他闲聊，想要让他放松下来。

几分钟之后，亚当向教授问了他提前准备好的问题：他应该如何改进自己处理情感冲突的方式？他分享了过去的恋爱经历，甚至向教授展示了一条前女友抱怨他缺乏理解能力的信息。教授聚精会神地倾听着，时不时地点头和提问。

亚当讲完了自己冗长的爱情故事，并询问教授是否知道一些能帮到他的研究。夏皮罗教授微笑着说："小伙子，你很幸运。"夏皮罗教授与享誉世界的谈判专家罗杰·费希尔曾经合作撰写过一本关于如何运用情感进行谈判的权威指南《高情商谈判》。巧合的是，亚当当下的困扰正是夏皮罗教授研究了十年的课题。接下来，他们两人进行了数小时的深度探讨，完全忘记了"面谈时间"超时已久。

从那天起，亚当每周都到教授的办公室，和教授继续讨论恋爱以及其他深刻的个人话题。在那个学期的最后一次会面中，教授邀请亚当协助他发表自己关于谈判的新作。

如果亚当没有勇敢地向教授展示自己的脆弱，他可能永远不会得到这样的机会。而如果没有这样的机会,他和教授就无法发现共同的兴趣,他们的对话也无法变得深入,他们的关系永远不可能得到进一步的发展。

你也要向亚当学习。想一想:上课时,教授都谈论了哪些内容?他提到的哪项研究是与你的实际生活息息相关的?然后,在与教授独处的时候,表达出你对他所教内容的理解与共鸣。当然,这可能不适用于每一门课程——将有机化学与你上一次分手联系起来可能很困难——但是,一般情况下,你是可以将教授感兴趣的东西与你自己生活中的某个方面联系起来的。

得知自己的研究和工作让学生产生了共鸣,教授会很感动、很兴奋,会与学生进行一场认真的讨论。不过,这还不够。要像亚当一样,把这作为一个起点。不断探索你与教授的联系,并逐渐扩展到你们都感兴趣的其他领域。要跟教授持续互动,每周与他面谈,或者一个月见面交流一次,以增进联系。正如研究人员发现的,逐步提升的自我表露程度是预测成功关系的最佳指标。

36个问题让你坠入爱河

1997年,纽约州立大学石溪分校的阿瑟·阿伦博士想在完全陌生的男女之间营造出恋爱的氛围。在他的实验中,一男一女初次见面时要花 45 分钟回答一系列由浅入深的问题，从"你想成名吗"到"你和你母亲的关系怎么样"，不一而足。

实验结束后，参与者之间的亲密度堪比情侣，有一对甚至在六个月后结婚，并邀请了实验团队参加婚礼。这项实验意外发现了一种培养亲密关系的有效方法。

近 20 年后，这项研究中的 36 个问题发表在《纽约时报》上，标题是《要想与任何人坠入爱河，先做到这一点》（*To Fall In Love With Anyone, Do This*），再次引起公众的关注。作者曼迪·莱恩·卡特伦想知道，如果在第一次约会时向对方提出这些问题，会有什么结果。"我想知道我们会产生什么样的互动，这至少会成为一个好故事。但现在我明白了，这并不是一个令我们产生爱情的故事，而是一个如何花心思去了解对方以及被对方理解的故事。"

这个"有意识地展现脆弱"的故事感动了数百万人。文章发表后被转发了成千上万次，并且衍生出多个手机 App 和一场征文比赛。正如卡特伦所说："我认为这是我们大多数人真正渴望的——被听见，被看见，被理解。"分享我们自己的故事，会让我们与他人的关系变得更加紧密。

这些问题对于朋友和恋人同样适用。哈佛大学的一个学生组织"富兰克林联谊会"就利用这些问题来增进新成员之间的了解。

如果你想与室友关系更近,不妨找个空闲的晚上,关掉所有电子设备,然后一起玩这个游戏。在想要进一步了解某个人的时候,你也可以在与他的闲聊中提出这些问题。下面是其中三个问题,你不妨尝试一下:

1. 如果可以在全世界任选一个人与你共进晚餐,你最想邀请谁?

11. 请用 4 分钟向你的伴侣尽可能详细地讲述你的人生故事。

26. 补全这句话:"我希望有一个可以分享……的人。"

(如果你对完整的 36 个问题感兴趣,可以在本章最后的"特别分享"中找到它们。)

注意:这些问题会越来越私密。阿瑟·阿伦表示:"发展亲密关系的关键在于持续地、逐步升级地、相互地且个人化地袒露自我。"在你的下一次谈话中,可以尝试将这些问题作为模板。你在日常对话中不会谈论什么?你如何将日常闲聊推向更有深度的层面?这些问题或许需要思考一下,不过有一件事是肯定的:你必须做第一个冒险的人。

做第一个冒险的人

拥抱脆弱不仅包括自我表露弱点,还包括承担可能失败的风险。根据布琳·布朗的说法,脆弱的本质是不确定性和情感暴露。如果你是在恋爱关系中先说"我爱你"的人,或是第一个称某人为"我最好的朋友"的人,会发生什么?

亚利桑那大学传播学教授科里·弗洛伊德决定通过实验来衡量表达爱意的效果。实验的参与者平均年龄为22岁,与大学生的年龄相仿。研究者通过增加参与者的血压、心率和压力激素水平来人为地提高他们的压力水平,然后将他们分成三组:一组给亲人写信,表达他们的感情;另一组静静地坐着,思考他们所爱的人以及自己为什么爱他们;还有一组作为对照组,只是坐在那里,什么都不做。

通过写信表达爱意的参与者压力水平大幅降低。对照组的压力保持不变。有趣的是,思考组的压力水平略有上升。

压力在我们的生活中无处不在,而长期承受压力会对健康产生灾难性的影响,包括睡眠质量降低和认知功能下降。这将导致人们学习、工作能力下降,产生更多压力,从而形成恶性循环。当你因为压力而明显变得不快乐时,你的人际关系也会受到影响。不过,通过表达对他人的赞赏和喜爱,你可以减轻这些影响。

请注意，并非只有特别有爱心的人才能体验到表达爱意的好处。弗洛伊德要求参与者评估自己的爱心程度，并发现他们的分数与研究结果没有关联。当你感到压力很大时，只需花时间给一个对你重要的人写封信。在信中，真诚地表达他对你的意义。这样做不仅会治愈你的身体，也会让那个人的一天变得美好。

了解你的情绪

坐在当地小餐馆的角落里，你正在享受一个懒洋洋的下午。你穿着跑鞋，似乎要去健身，但实际上你并没有那个打算。桌上散落着笔记本，好像你随时准备开启学习模式，但那只是摆设。你想叫服务员过来点单，这时发现手机震了一下。

你拿起手机查看，让自己看上去并不孤单。信息是你的恋人发来的，说你们得谈谈。昨晚你抱怨他不够关心你，似乎激怒了他。如果你不那么"迟钝"，就应该察觉到他的压力更大，因为他的课程比你的要难（在他自己看来）。

服务员看到你紧锁的眉头和紧握的拳头，决定先行离开，等会儿再来帮你点单。

没错，你现在火冒三丈。你的手指已经跃跃欲试，准备发出一条可能会让你后悔的信息。

先别急。

实际上,你不只是"生气",你的心中充斥着各种复杂的、难以形容的情感。首先,脾气暴躁的你的确很生气;其次,作为曾经的高中辩论队队员的你,很想跟对方辩论一番;还有,你的安全自我感到很受伤,你的目光无法从"迟钝"这个词上挪开,然而,内心浪漫的你又很想弥补对方,给对方一个安慰的拥抱。

你百感交集。但你应该如何表达出多种情绪?更重要的是,你真的应该将它们都表达出来吗?

分享情绪

人们经常为自己的情绪而道歉,而实际上可能不必道歉。正如心理学家乔纳森·M.阿德勒所说:"承认生活的复杂性,可能是通向心智幸福的一条卓有成效的道路。"

各种情绪的存在都是有其原因的。它们可以提醒我们注意健康问题和人际关系中的问题,指引我们做出选择,并向我们反馈什么是真正重要的。收敛情绪可能会让你短期内感觉好些,毕竟谁没在争吵后感到懊悔过呢?但有一点很清楚:隐藏情绪并不会让你更坚强。

对泰勒而言,分享情绪总是伴随着痛楚。作为在隔离病房中长大的孩子，他亲眼看见了无数朋友因为严重疾病或手术失败而离世。在一起抗癌的 20 个病友中，只有他幸存下来。十年过去了，他仍然怀有幸存者内疚：为什么他还活着，而其他人却不在了？

泰勒绝对有理由与他人保持距离，但他并没有这样做。相反，他选择与他人分享自己的故事和情绪。他知道，接受自己的脆弱意义重大。通过讲述自己的感受，他学会了更好地处理它们。更重要的是，他也激励和鼓舞了别人，让更多的人愿意敞开心扉，勇敢地分享自己在生活中所面临的挑战。

我们每个人都有心魔，时不时就会自我怀疑，或者感到恐惧和内疚。但如果我们效仿泰勒的做法，就能让生活变得更加美好。通过倾诉情绪，我们不仅可以增强自己的力量，还可以给别人带来安全感，让他们也开始愿意分享自己的情绪。

在主动出击、认真倾听之后，拥抱脆弱可能是最具挑战性的技能。本质上，拥抱脆弱意味着你愿意冒让自己受伤的风险。每当你说出"我从没对别人说过这件事"时，就是在将自己的一部分托付给别人。他们可能会珍惜并回应你的信任，也可能会伤害你。

你该如何选择能真诚对待你的人？你该如何营造一个可以做真实自我的环境？事实上，仅仅和泰勒聊一次并不能让你成为他的朋友。你们需要数百次的相互交流来加强情感上的连接。为了让你拥有更加深入的人际关系，我们再给你推荐一个方法：创造仪式。

特别分享

如何通过聊天收获更深的友谊？

李奕

我的大学学妹索菲娅，是一个在聊天时特别会深度提问的姑娘。

我俩属于一见如故。第一次见面时，我们吃饭聊了两个小时都没尽兴，又跑到我的宿舍继续聊。会聊天的人不少，但是像索菲娅这么会聊天的绝对是少数。

我很快发现了她的特点：太会问问题了！

比如，聊起我的暑假实习，大部分人只会简单问一句"你做了什么工作"，然后这个话题就结束了，她却仔细和我聊起了对医疗行业的看法，讨论什么样的工作才是有意义的。

她的提问方式让我想起了有一阵子很火的"让陌生人迅速相爱的 36 个问题"。看似简单的问题，却带有探索性，让你不由得思考得更深入一些，分享得更多一些，潜意识里渐渐开始信任对方。

我忍不住对她直说："我觉得你特别会问问题，你是不是有一个清单，上面列着各种问题啊？"

没想到我居然猜中了!

"我还真有这么个清单,上面有几百个问题呢。这可是我最宝贵的财产,不过我们这么投缘,就分享给你啦!"说话间,索菲娅真的拿出手机,把她的"问题大全"发给了我。

索菲娅的 36 个问题

1. 什么样的话题和交流方式最能打动你?过去一个月来,最让你愉悦的一次沟通是什么时候?

2. 在不同的朋友圈中,你扮演的角色一样吗?

3. 环顾你现在生活中的一切,哪些是会让年少时的你无比骄傲的?

4. 过去的一年中,哪一段友情／交往经历对你来说最有意义?

5. 在人生的哪一个时刻,你感到你活出了真正的自己?你又是如何判断自己是否正在追随本心的?

6. 迄今为止,你人生中遇到过的最大的困难和挫折是什么?

7. 你身上最难以被别人发现的优点是什么?你会主动制造机会让他人看到你的这个闪光点吗?

8. 关于对自己的看法,有哪些是你去年还坚信不疑,今年却已经变了的?

9. 当人们初次与你接触时，他们最先会注意到什么？

10. 如果让你选一张照片来代表自己，你会选哪张照片？

11. 你最有价值的财产是什么？

12. 你是否因某种经历改变了对某件事的坚定信念？为什么？

13. 哪一个问题能让我在最短时间内最大限度地了解你？

14. 有没有一个人能让你无论多累都可以振作起来？

15. 什么样的人或事，让你想成为更好的自己？

16. 你会如何形容自己？你希望可以如何形容自己？

17. 父母教给你的最重要的一件事是什么？

18. 你会考虑文身吗？如果会，你想文什么？

19. 对你而言，"梦想成真"是怎样的？

20. 对你而言，哪件事更难：向爱的人表白，还是拒绝不爱的人？

21. 你上一次哭是什么时候？

22. 过去的这一周里，发生了什么激动人心的事吗？

23. 你身边有被所有人喜爱的人吗？你觉得他们为什么如此受欢迎？

24. 请给自己现在的开心程度打分，从1到10。什么能让你"10分"开心？

25. 你最近的一次"第一次"是何时？你害怕尝试什么？你不害怕尝试什么？

26. 一个人身上有什么样的特点会让你觉得他很聪明？

27. 你最亲密的朋友有哪些共同点？

28. 你最好的朋友从哪些地方影响了你？

29. 你在哪一个时刻，会从心里把对方认定为朋友？

30. 你遇到过和自己特别像的人吗？你如何与他／她相处？

31. 你有没有和你个性截然相反，却特别合得来的朋友？

32. 对待不熟悉的人和事，你会很快下判断吗？

33. 什么颜色最能代表你当下的心情？

34. 如果你能创造一个词，这个词会有什么含义？

35. 家对你来说有什么意义？你在什么情况下最想家？

36. 你被问过最难回答的问题是什么？现在的你有答案了吗？

让陌生人迅速相爱的 36 个问题

阿瑟·阿伦

这 36 个问题被分为三组，每组逐渐深入。

第一组

1. 如果可以在全世界任选一个人与你共进晚餐，你最想邀请谁？

2. 你想成名吗？想以什么方式成名？

3. 打电话之前你会先练习一下要说的话吗？为什么？

4. 对你来说，"完美"的一天是什么样的？

5. 你上次一个人唱歌是在什么时候？上次给别人唱呢？

6. 如果你能活到 90 岁，同时可以一直保持 30 岁时的心智或体魄，你会选择保持哪一种呢？

7. 你是否曾经预感到自己会以某种方式死去？

8. 说出三个你和你的伴侣的共同之处。

9. 人生中的什么东西最令你感激？

10. 如果你能改变成长过程中的一件事，会是哪一件？

11. 请用 4 分钟向你的伴侣尽可能详细地讲述你的人生故事。

12. 如果你明天一觉醒来就能拥有某种才能或品质，你希望那是什么？

第二组

13. 如果有一个水晶球可以告诉你关于自己、人生、未来乃至任何事情的真相，你会想知道吗？

14. 有没有什么事是你一直梦想去做而没有去做的？为什么？

15. 你人生中最大的成就是什么？

16. 在一段友谊之中，你最珍视的是什么？

17. 你最宝贵的记忆是什么？

18. 你最糟糕的记忆是什么？

19. 假如你知道自己在一年后会突然离世，你会改变现在的生活方式吗？为什么？

20. 友谊对你来说意味着什么？

21. 爱与情感在你的生活中扮演着什么样的角色？

22. 和你的伴侣轮流说出自己心目中对方的一个优秀品质，每人说五个。

23. 你的家人之间的关系是否亲密？你觉得自己的童年比其他人更快乐吗？

24. 你和母亲的关系如何？

第三组

25. 每人基于现实场景，用"我们"造三个句子，比如"我们俩在屋子里，感觉……"。

26. 补全这句话："我希望有一个可以分享……的人。"

27. 如果你想和对方成为亲近的朋友，请列举出对他/她而言重要的事。

28. 告诉对方你喜欢他/她的哪些方面，要非常诚实，说些你不会对泛泛之交说的东西。

29. 和对方分享生命中那些尴尬的时刻。

30. 你上次在别人面前哭是什么时候？上次独自哭泣是什么时候？

31. 告诉对方，你已经喜欢上了他/她身上的什么品质。

32. 你觉得什么东西非常严肃，是不能开玩笑的？

33. 如果你今晚即将死去，而且没有机会同任何人联络，你会因为之前没有对别人说什么话而感到遗憾吗？为什么至今都没有对他们说这些话呢？

34. 假设你拥有的全部东西都在你的房子里，现在房子着火了，救出家人和宠物之后，你还有机会安全地冲进去最后一次，取出最后一件东西，你会拿什么？为什么？

35. 你的家人中，谁去世了最令你难过？为什么？

36. 说出一个你的个人问题，问对方如果遇到这个问题会如何解决。另外，也要让对方如实告诉你，他/她如何评价你的处理方式。

第五章

创造仪式

"我们重复做的事情成就了我们。优秀不是一种行为,而是一种习惯。"

——亚里士多德

比赛到了决胜的一刻。

摩根弯下腰,深呼吸。汗水打湿了她额头上的一缕金发。她放下球拍,把头发撩到耳后,然后站直身子,准备发球。

球击中墙壁,发出沉闷的声响。对手迅速冲过去试图接住。两人在球场上打得有来有回,球在空中飞舞。摩根一个低截球,对方轻轻一挑。摩根将球从右墙猛击向左墙,对手横扫全场回球。然后,摩根看准时机,用力将球打向角落,对手只能全力狂奔去接那个球。

这是决定胜负的一分。

她的对手全力一跃,拼命挥拍。然后,他全速撞上了摩根。

球掉落地面,没有得分。

摩根摔倒在地,失去了意识。

接下来5分钟,摩根的意识一片模糊。她模糊地记得自己试图站起来,头疼得要命。那缕头发又挡在眼前,她只能看到一堵闪着光的白墙。

慢慢地，她的听力开始恢复。

世界变得喧哗起来。她隐约听到教练在喊她："摩根……摩根……你没事吧？"

摩根摆了摆手，示意教练不用担心。她还撑得住。裁判说，得再打一球。

摩根又一次发球——一个完美的发球得分。比赛结束了。她与对手握手，回到看台上，拿起手机打了个电话。

"妈，我得去看医生。"

医生的诊断并不出乎意料——脑震荡。她得在家里卧床休息几天，一周内应该就能好转。

摩根回到家，总感觉哪里不对劲。她以前也有过脑震荡，但从没像今天这样过。但她觉得应该听从医嘱，于是决定上床睡觉。

接下来的几天里，摩根几乎不能正常活动。她说话断断续续的，吃东西也只能慢慢来。周围的噪声让她难以承受，亮光刺得她睁不开眼。

几天后，她又去看了医生，医生还是那套说辞：回家休息，很快就好。

但她并没有好转。摩根第二天试着回学校，坐了20分钟的公交车，结果痛得哭了出来。她决定第三次去看医生。

这一次，医生建议摩根做个脑部磁共振成像扫描。看着扫描结果，医生的脸色变得很严肃。原来摩根并不是脑震荡，而是前后经历了三次中风。

从那以后，摩根的人生轨迹就彻底改变了。医生告诉她，她可能永远无法恢复到过去的状态。壁球生涯肯定是结束了，她的阅读、写作和思考能力可能也无法完全恢复。她得回家休息，只能看看随着时间的推移，能不能有所好转。

然而，五年后的今天，如果你看到摩根·布莱迈尔，你完全看不出她就是那个曾受重伤的高中生。确诊之后，她不仅被斯坦福大学壁球队录取，还成了高中所在班里的副班长。最后，她决定去哈佛大学学数学。

她是怎么做到的？原因之一在于她自己创造了一些小仪式。实际上，摩根的能量不仅源自她的壁球技术、数学成绩和班级职位，还源自她懂得如何培养习惯，并坚持下去。

要想了解摩根是如何恢复健康并且不断成长的，我们得先了解一些事情——习惯是怎么形成的、社交中的"曝光效应"有何力量以及为什么去一家新餐馆吃饭可能不是个好主意。

如何养成可以长期坚持的习惯？

仅凭动机和意志力，一个人并不一定能长期坚持某个习惯。斯坦福大学说服性技术实验室的创始人说，动机可以促成短期内

图 6

的行为改变，却无法将这种改变长期维持下去。因此，依赖强大的动机来维持习惯并不是个好策略。培养习惯的方法比个人决心更重要。

那么，我们该怎样培养新习惯呢？《习惯的力量》的作者查尔斯·都希格告诉我们，首先我们需要明白什么是习惯。习惯是日常生活中经常不自觉发生的行为模式。每个习惯都有三个部分：暗示、惯常行为和奖赏。暗示是触发习惯的信号，比如下班回到家可能就会想吃点零食。惯常行为就是习惯本身，比如吃零食。而奖赏就是习惯带来的那种良好感受——或许是味蕾上的满足感，或许只是下班后的精神放松。

想象一下：你想要养成每周和朋友一起吃下午茶的习惯。你们两个人以前试过养成这个习惯，但一直没有成功。要么你们俩都太忙，要么就是找不到合适的时间去餐厅。那么，你该怎么做呢？

第一步是设置可持续性暗示。你肯定有很多自己的日常小习惯，比如早晚刷牙、按时吃晚饭或者拖拖拉拉地工作。这些习惯都是从某个小暗示——那个在你脑海里轻轻叮嘱你该开始做什么的声音——开始的。这种暗示可能和时间、地点或者某种情境挂钩。

你意识到暗示的力量，决定每周三下午 4 点跟朋友一起吃下午茶。周中的无聊和对小点心的渴望就成了你的暗示。

一旦你留意到暗示，惯常行为就开始了。很简单：你大口享受美食，朋友则向你吐露生活琐事。

最后，你得为达成"每周下午茶日"的成就奖励一下自己。奖赏很关键，它可以帮你不断巩固习惯。虽然我们通常认为奖赏足够丰厚才有效，但实际上它只要能标志着完成成就即可。

以刷牙为例，刷完牙后那股清新的薄荷味就是个小奖赏，提示你刷牙任务完成。有意思的是，牙膏里的清洁成分并不会给你带来这种感觉，是牙膏制造商故意添加柠檬酸或薄荷油来给你这种清爽感。慢慢地，你的大脑就会开始渴望这种感觉，从而激励你每天刷牙。你吃下午茶的奖赏可能就是糖分带来的快感。如果那还不够，可以吃完后来颗薄荷糖，享受那种沁人心脾的感觉。你值得这份奖赏！

正如亚里士多德曾经说过的，"我们一再重复做的事情成就了我们"。在大学生活中养成正确的习惯非常重要。不过，我们需要进一步拆解这个概念。毕竟很少有人能像摩根这样坚持不懈。实际上，在养成这些习惯之前，她需要完成一些更基础的事情：吃饭、睡觉、在离开学校 18 个月之后结交新朋友。

一名数学学霸的康复之路

摩根曾是一名成功高中生的典范。她是全美数学最顶尖的学生之一,当选波士顿市议会青年代表,并且壁球水平足以让她为高中男子壁球队出战。

然而,受伤之后,这一切都变了。她失去了专注力,因此解数学题变得痛苦,不再有趣。她的短期记忆开始衰退,根本无力再出席市议会组织的会议。有时,她一连几天都无法下床,更别说打壁球了。

在 6 个月的康复训练过程中,摩根开始在她的生活中加入小挑战。她说:"这就是一个惯常行为。每天我都会尝试做一件事,有时是做一道数学题,有时是读一页书。"康复之路是艰辛的。然而,不知不觉间,摩根渐渐开始好转。

18 个月后,她重返壁球场。

从外表上看,摩根和以前一样。她 16 岁,个子高挑,身材健美。她的金发依然会在她说话的时候挡住眼睛。

但在很多方面,摩根的生活几乎不可能回到过去了。过去 6 个月,她只能一点点地学习,每过几小时就需要休息。她无法适应学校的教学方式,所以开始在家里进行线上学习。

虽然学习状况有所好转,但因为离校太久,她的友情也受到了影响。离开学校一年半之后，原来的同学们都毕业了。因为她在家上课，只有特地约好，她才能见到朋友们。她很快就又能打壁球了，但跟旧友恢复往来却没那么容易。

然而，两年后的今天，我们看到的是一个全新的摩根，周围是密友、舞伴和支持她的导师。那个曾经感到孤独的摩根，是如何变成一个被爱围绕的人的？答案是，她利用了最有力的心理学现象之一——纯粹曝光效应。

纯粹曝光效应

1967年2月27日，美联社报道了俄勒冈州立大学一个课堂上的奇特场景：

> 有个很神秘的学生，连续两个月将自己裹在一个黑色的袋子里来上课，只有双脚露在外面。每周一、周三、周五的上午11点，"黑袋子"都会准时坐在教室后方的一个小桌子旁。这堂课的名字叫"113个演讲——基本劝说理论"，由查尔斯·戈茨廷格教授授课。除了戈茨廷格教授，班上的20名学生都不知道"黑袋子"的真实身份。一开始，大家都对"黑袋子"很警惕。不过，据戈茨廷格教授观察，同学们对

"黑袋子"的态度慢慢从怀有敌意变成好奇，最终他们都与其成了朋友。

查尔斯·戈茨廷格教授特意安排这个学生裹着黑袋子来上课，是为了证明一个观点：我们会慢慢喜欢上自己重复看到的东西。只要时间足够长，对未知的恐惧就会逐渐被对常见事物的喜爱替代。这就是社会心理学中非常有名的"纯粹曝光效应"，它几乎适用于任何事情。简单来说就是，我们跟某件事物接触得越多，就越可能喜欢上它。

1968年，心理学家罗伯特·扎琼克（Robert Zajonc）研究了曝光程度和喜欢程度之间的关系。他做了个实验，随机编造了一系列听起来像"土耳其语"的单词，比如"Ikitaf""Enanwal""Dilikli"。研究人员让学生们多次重复这些单词，然后让他们说说对这些单词的感觉。结果发现，学生们看到这些单词的次数越多，对它们的好感就越强。这种效应也适用于汉字、广告甚至是陌生人的照片。

在大学里，交新朋友是很容易的。每学期都有新的课程，每年都得换宿舍，连去食堂打饭都常常能碰见新面孔。但同时，在大学里也很难每天都见到同一个人。没有全员大会，必修课很少，大家吃午餐的时间也不一样。除了室友，很少能跟别人天天见面。

创造一些固定的仪式，可以帮你和别人共度更多时光。比如，你们可以约定每周五一起去晨跑，周六一起洗衣服，或者周日晚上一起聊天。实际上，具体做什么没那么重要，关键在于你们能一起维持这种共同的习惯。

要有意识地规划你的社交时间。你所创造的仪式，通常都是可以和他人一起完成的活动。不过，接下来你将看到，仪式也可以是一个你经常去的地方。

为什么你不应该尝试那家新开的咖啡馆？

1950年，麻省理工学院的研究人员开始研究物理距离对友谊的影响。该团队首先在校园里找到了一栋宿舍楼——西门宿舍楼。然后他们追踪了该宿舍楼内几十名学生的生活。研究人员对催生友谊的因素很感兴趣。早期的研究已经表明：相似的价值观、兴趣和外貌会催生友谊。但是，还有其他因素吗？

通过分析，麻省理工学院的团队发现：物理距离近是友谊的最大预测因素。不管是在宿舍楼里的走廊、公共休息室还是在洗手间里偶遇，这些小碰面日积月累，最终都能使大家建立真正的关系。学生们所列出的挚友，往往是那些与自己住得最近的人。

研究人员已经预想到距离会影响友谊，但还是没想到这个因素的影响力如此之大。他们发现，在其他因素都不变的情况下，学生更倾向于和住在同一楼层甚至是隔壁的人做朋友，而不是和那个住在走廊另一头的人成为朋友。在一个5000人的大学里，物理距离比宗教信仰、兴趣爱好或者出生地对友谊的影响都大。

想想看：你小时候有多少个朋友就住在附近？你和你的邻居关系怎么样？那些住得稍微远一点的呢？很多时候，我们觉得人际关系是随机的。你最好的朋友可能"恰好"就是你的同桌。但实际上，正是因为有机会频繁互动，你们才会变得如此亲近。空间上的接近是人际关系中非常重要但常被忽视的因素。

要有意识地规划你经常去的地方，比如咖啡馆。就像你在上大学的头几个月会参加各种活动，认识新朋友一样，在新环境里多试试附近的咖啡馆也是不错的选择。尝试过不同的地方后，找一个你喜欢的，经常去坐一坐。久而久之，你就会开始认识其他常客。如果你更主动一点，这些常客很快就能变成你的朋友。

摩根的一个非常要好的朋友斯蒂芬在卢旺达度过了他的大一暑假，他决定践行一下上面提到的理念。他挑了一家咖啡馆，整个夏天都在那里度过。他在自己的博客上分享了这段经历，我们摘录了一部分：

家就是拥抱时间更长的地方。当我和丹尼尔·加桑瓦拥抱，衬衫被他的汗水打湿时，我感觉这里已经成了我的家。

今天是我在卢旺达的最后一天，我正在一个叫作 Klab 的咖啡馆里写东西。此处是卢旺达首都基加利的一个创新中心，为科技创业者们提供了一个开放的空间，Wi-Fi 是免费的。过去的八个星期，它已经成了我在异国的家。

尽管今天是我在这里的最后一天，但好像也并没有什么特别的。我早早地到达，与朋友们击掌、拥抱，还和咖啡师菲丝一起上了一堂语言课。（她教我用卢旺达语说"保持快乐"，我教她用英语说"紧身裤"、"帕尔马干酪"和"小骚动"。）

今天本是平平无奇的一天，但因为是在这里的最后一天，我便开始回忆这个"书呆子中心"是如何成为我在卢旺达的小天地的。

起初我来这个咖啡馆，是因为我需要一个可以编程、写博客和回复我妈越来越频繁的 Facebook（脸书）信息的地方。Klab 离我家很近，上网免费，而且很漂亮。我去得越来越多，就发现那里总是有相同的人。我交了朋友，找到了自己喜欢的座位，甚至还开始和保安用卢旺达语互相打趣："下午好。""你也好。"

然而，在卢旺达的第三周，我意识到我家附近还有很多其他有 Wi-Fi 的地方。

这导致了一个新的困境：我应该去探索其他地方，还是继续去 Klab 呢？

作为一个旅行爱好者，一般情况下，我会选择去探索新地方——旅行的目的不就是探险吗？然而这次，我刻意决定不这样做。我要在一个自己喜欢的地方一直待到最后一天。

今天就是最后一天了。当我无意间听到咖啡师菲丝喃喃自语我教她的英文单词时，我意识到，在这里，我找到了一种以前从未在旅行中体验过的真正的归属感。

我认为，根本原因在于我抵制住了想要不断探索的欲望。在我本可以去其他地方的时候，我选择每天都来 Klab。正因如此，我交到了朋友，还在卢旺达有了一个小小的家。

斯蒂芬在一家咖啡馆里建立习惯和仪式感的故事并不新鲜。摩根在几年前就做过类似的事情。她创造的仪式让她收获了前所未有的关系，结识了帮助她走上康复之路的导师们。

壁球俱乐部里的忘年交

摩根没有因为失去朋友而沮丧，而是决定在校外创建自己的新仪式。每天，她会先练两小时壁球，然后上一堂网课，累了就小睡片刻，起来后再做作业。在这样的日常中，她找回了自己的步调，而最让她期待的就是每周五和妈妈一起去壁球俱乐部吃晚饭。

"每个周五，我都和妈妈坐在俱乐部的吧台旁吃饭，和那些常来的老爷爷聊天。"随着时间的推移，她成了他们的忘年交。"他们会和我聊政治、生意，有时候还聊聊家里的烦恼。一个16岁的孩子能有一帮70岁的朋友，听着挺奇怪的，但我觉得特别有趣。"

在接下来的两年里，这群老爷爷成了摩根生活中稳定的一部分。他们请她帮忙照顾孩子，早晨和她一起打壁球，甚至在她申请大学的时候给她提建议。有了他们的支持，摩根几乎恢复了正常生活。她的网课成绩名列前茅，她成了副班长，甚至飞到加州参加了网校的毕业舞会。在众多想录取她的大学中，摩根最终选择了哈佛。

进入大学，摩根面临着一个巨大的挑战：如何与其他大一新生交朋友？是深交几个密友，还是建立一个广泛但彼此联系不那么紧密的朋友圈？摩根再一次用她创造仪式的本领在广泛交际和深度交际之间找到了平衡。

广泛交际与深度交际的区别

20世纪90年代末期,研究人员B.T.麦克沃特对大学生的孤独感进行了调查。虽然他预测到会有很多大学生经常感到孤独,但在采访了625名学生后,结果还是令他感到震惊:超过30%的学生表示有时候会感到孤独,超过5%的人认为孤独是他们生活中的一个主要问题。

上大学对每个人都是挑战。你可能会因为第一次进入一个几乎不认识任何人的环境而盲目地交朋友。你可能会因为迎新活动和同乡等表面因素而很快跟人建立起最初的联系,但这样交到的朋友或许并不持久。

入学几个月后,你可能会觉得自己已经交到了一些朋友:走进餐厅,你会见到几张熟悉的面孔;穿行于校园,你会跟几个人打招呼;有时你还会被邀请参加派对。

很明显,你的社交圈在扩大,但是,这些关系的深度可能并没有增加。就像哈佛2015届毕业生安德鲁·金写的那样:"尽管与他人有了很多浅层的连接,但真正满意的深层关系却很难形成。即便是看上去很成功的人,也可能苦于缺少足够多的真正深入、彼此滋养的人际关系。"

到了大一第一个学期末,你可能会觉得你身边的"朋友"比以前多，但你真正信任的却寥寥无几。你开始怀疑自己能否在这个地方找到高中时那种温暖的、真诚的友谊。

平衡广泛的熟人网络和深度的信任关系非常重要。拥有一个广泛的朋友圈，通常能让人受到大量关注和尊重，这并不是坏事。事实上，在过去的数年里，人们已经进行了很多研究，以了解人际关系网络的重要性。正如哈佛商学院教授弗兰西斯卡·基诺的研究所显示的那样：花最多时间建立关系的律师，往往能赚到最多的钱。同样的道理也适用于学生。你的社交网络越广泛，能接触到的机会就越多。有些人擅长建立广泛的人际关系网络，我们称之为"广度工作者"。另一些人则更擅长建立深入、有意义的联系。他们的朋友可能不多，但彼此间的关系却非常紧密、充满爱意。这些人我们称之为"深度工作者"。他们懂得如何通过建立日常小仪式把大一时匆匆一瞥的过客变成大四时的挚友。对你的社交生活 GPA 而言，广度和深度都很重要。

对于某些人来说，无论是结识新朋友，还是建立深厚的友谊，都不是挑战。对于摩根来说，挑战是一根折断的骨头。

仪式比你的身体更强大吗？

大学开学前不久，摩根不得不再次去看医生。整个夏天，她的髋关节一直在疼。她咨询过私人教练，也看过专业的脊椎矫正师。但是，这些都没用。于是，医生再次给她进行了 X 射线检查。

她的髋关节骨折了。在大学开学前四天，摩根拄起了拐杖。这是她人生中第二次被告知，她永远无法打壁球了。

大多数大一新生在刚开学的几周会感到迷茫，而摩根不仅感到迷茫，她还感到很挫败。

她说："有些人进入大学后，会根据自己热爱的运动或者信奉的宗教而加入某个社团。可是，在不能打壁球之后，我不知道自己还属于什么群体。我开始问自己，失去壁球的人生还有什么意义。"

在大学的第一年，摩根面临着所有大一新生共同的挑战：太多的泛泛之交和太少的深厚友谊。就像她自己说的："我有很多朋友，但是跟大多数人并不是很亲密。"然而，和其他学生不同的是，摩根已经经历过一次这样的情况。她知道，自己需要和真正重要的朋友们建立起专属于他们的小仪式。

所有哈佛学生在大一时都住在一栋叫作"哈佛园"（Harvard Yard）的宿舍楼里，位于哈佛大学的中心。进入大二之后，他们会搬进高年级学生的"宿舍院"（House），在那里吃饭、生活，而每个宿舍院只有 300 到 400 名学生。这种变化意味着，大家在大一时结下的很多友谊可能会就此淡化。

摩根不想就这样失去朋友。受她在壁球俱乐部的经历启发，她开始琢磨该如何与大家保持联系。她决定创造一些仪式，告诉朋友们他们对她来说有多重要。"一旦大一结束，你就不太可能天天见到这些朋友了。但如果你能和他们建立起某种仪式，那就等于在说：'嘿，你对我真的很重要。'"

首先，摩根找到了一个所住的宿舍院离她特别远的朋友。她提议每周一一起吃午饭。她的朋友欣然同意了。接着，摩根找到了另一个非常亲密的朋友。她再次提出创建一个仪式：每周一起吃两顿饭，一顿晚饭和一顿午饭。同样，她的朋友高兴地同意了。

坚持一起完成这些仪式，让摩根和朋友们的友谊变得更加深厚。如果有其他朋友提出在那段时间里一起吃饭，她会礼貌地拒绝，然后提议另一个不冲突的时间。正如我们稍后将讨论的，摩根出于本能做了两个决定：对关系设置优先级，并为重要的关系创造仪式。正因如此，她建立起了人生中一些最重要和深厚的人际关系。

许多人在大学毕业时，并没有建立起持久的友谊。但摩根有自己的解决办法——做出承诺。"我认为在哈佛，大家都忙得不可开交，除非你经常与他们一起生活，否则你很难找到他们。如果你邀请对方每周共度一小时，通常他们都会欣然接受。"

有些人不愿意进行仪式，觉得是在浪费时间。但这些人并没有意识到一个基本事实：友谊和成功并不是互斥的。相反，两者是密不可分的。

尽管需要克服重重挑战，摩根仍然是哈佛最成功的学生之一。大二暑假时，她在一家对冲基金公司实习，为研究生统计课程做助教，还当上了哈佛一个女性交友社团的主席——这是一个很高的荣誉。最重要的是，摩根有爱她的朋友。她与朋友都能说到做到，共同坚持属于他们彼此的小仪式。她很擅长利用仪式和习惯来维系友情，所以，她既有广泛的朋友圈，又获得了宝贵的深度关系。表达对朋友的忠诚，让朋友接受自己的邀请，慢慢地共同建立起牢不可破的友情，在这个过程中，摩根遵循了创造仪式最重要的原则：始终如一。

始终如一的重要性：100% 原则

大家都知道养成好习惯的益处，但好习惯是需要持续不断地做一件事才能养成的。持之以恒对所有人而言都是一种挑战，否则就不会有那么多人每年的新年计划都坚持不下来了。

假设你发现了一家不错的本地咖啡馆，时间久了，那里成了你的固定去处。一进咖啡馆，咖啡师就会主动跟你打招呼；坐下来不用看菜单，你也知道自己要点什么。你很喜欢在这里的感觉。

然后，朋友给你推荐了另一家新开的店：环境复古，咖啡师漂亮，做的香料茶很好喝。

你心动了。新鲜事物总是吸引力十足。可是，你已经对固定光顾的咖啡馆有感情了。此时此刻，你要怎么办？

假设你和朋友约好每周固定时间一起吃午饭。可是，你听说有个你一直关注的很棒的演讲者要来学校，演讲时间与你跟朋友约定的时间相冲突。这个时候，你要打破与朋友的惯例，还是放弃心心念念的演讲？

在上述这两种情况下，打破常规似乎都挺合理的。毕竟，去新的咖啡馆不是背叛，而你的朋友可能也不介意调整一下午餐时间。在这两种情况下，你都可以在偶尔破例之后回归以前的仪式。或者说，至少你觉得这样是可行的。然而，哈佛商学院的克莱顿·克里斯滕森教授认为，始终坚持自己的价值观比绝大多数时候坚持自己的价值观（偶尔会放弃）要容易。他说："确定信念后，就要坚守它。100%的时间坚守原则，比98%的时间坚持原则更容易落实。"

克里斯滕森提到，"就这一次"的想法是"边际思维"的陷阱。大家都知道，坚持一定的饮食习惯有益于人的长期健康；各家公司也知道，长期投资是明智的。但经常会有人觉得，偶尔破例一次也没关系。

以百视达为例。

20世纪90年代，百视达是美国最大的家庭影视娱乐供应商。截至1993年，他们有超过3400家门店，是市场上的佼佼者。

20世纪90年代末，网飞公司（Netflix）出现了。他们的理念很简单：直接将影碟邮寄给顾客，而不需要顾客自己跑租赁店了。

21世纪初，网飞的模式开始显示出潜力，网飞公司年收入达到1.5亿美元，利润率高达36%。与此同时，百视达的模式难以为继。《芝加哥太阳报》甚至预言了一个没有百视达的未来："影碟租赁时代已经过去，我们只要一台电脑就够了。"

网飞的商业模式是未来的发展方向，百视达本可以很容易地效仿。如果百视达选择开发自己的影碟送货上门业务，他们肯定会做得很好，因为他们的资金更雄厚，品牌知名度更高。然而，百视达公司直到2004年才增加影碟送货上门服务，为时已晚。2011年，网飞公司已经拥有2400万客户，而百视达已在前一年宣告破产。

百视达错在了哪里？

百视达公司曾依赖"边际分析"这个经济学原则做决策。这种分析就像你在面对一块芝士蛋糕时，要衡量再多吃一口带来的快感与摄入的糖分。理论上，这种分析能帮你做出合理的决策，让你知道何时停手。然而，现实中，这种分析往往让我们选择了错误的道路。

其中一个原因是，人们通常不善于评估未来。我们办理健身房的会员卡时，总是坚信自己会坚持去健身，但到了第二天早上，我们就会想要多睡一会儿，不想起床去健身房了。经济学上把这个现象称为"时间贴现"，意思是相较于当下（近期）的回报，未来的回报是要打折扣的。

我们经常高估眼前的利益而低估未来要付出的代价。比如，如果你现在就能喝到一杯南瓜拿铁，你肯定不会等到一个月之后。而为此要花费的金钱是一个月之后还信用卡账单时才体现的，这对你来说就没那么痛苦了。

百视达公司的情况也差不多。在分析新兴的影碟市场时，他们的收益和成本评估出了问题。短期看，成本激增——他们得建立新的分销网络，而且他们的核心资产——实体店——无法助力新业务的开展。新投资的边际成本远超它能带来的短期收益。结果，他们没能及时转型，导致了公司的衰败。

"边际成本"和"时间贴现"这两个概念可以帮助我们更好地理解自己是如何形成或破坏习惯的。当我们刚刚养成一个习惯时，是很容易打破它的。从边际成本看，打破一次惯例似乎没什么大不了。但随着时间的推移，日积月累，我们的生活就会受到很大影响，好不容易养成的习惯就不复存在了。

战胜边际思维

要战胜边际思维，就要建立仪式和习惯，并坚决执行。

有些人可能觉得这太极端了，生活怎么可能没有任何变化呢？人都是需要弹性的。而且，即使你偶尔失约，你的朋友也一定可以理解——因为他们自己也经常这样。不幸的是，灵活性会让事情变得复杂，增加成本。正如塞德希尔·穆来纳森和埃尔德·沙菲尔教授在他们的《稀缺——我们是如何陷入贫穷与忙碌的》一书中所论述的，简单性至关重要。他们认为，人们拥有的心理空间和能量是有限的，需要节约使用。当你有更多的"心理能量带宽"时，你会做出更好的决策。而如果你总是要纠结是否可以打破习惯，你宝贵的心理能量就会被消耗，你就会做出糟糕的决定。

《消费者研究杂志》发表的一篇文章称，节食者由于心理能量带宽受限，更难抵挡美食的诱惑。不幸的是，研究人员还发现，节食者总要计算自己能吃食物的具体数量，而这会消耗大量的心理能量。这就形成了一个悖论：你需要心理能量带宽来抵制对垃圾食品的渴望，但避免这种渴望的过程本身就在消耗你的心理能量。

减轻心理负担的一个好方法是简化生活。所以，与其纠结于计算卡路里，不如选择完全不吃某些类型的食物。比如，彻底不喝奶茶要比每周只喝一次奶茶来得更简单，也更容易坚持。简单性可以让我们少做决策，从长远来看有助于我们节食。

同样的道理也适用于形成习惯和仪式。大多数学生并不是不相信创造仪式的好处，他们只是难以坚持长期执行。因此，请铭记这一点：确保习惯和仪式持续下去的最好方法，就是不去改变它们。确定好时间或地点，非必要不改变。

创造一个传统

针对268名哈佛学生开展的格兰特研究证明了关系的重要性。不过，建立深厚的友谊是需要投入大量的时间的。所以，你要与自己所看重的人经常共度时光。有人说，"别人家的草地总是更绿"，但我们认为，"浇过水的草地才是最绿的"。

看看你们共同的兴趣是什么，据此来建立仪式是最容易的。比如，如果你和朋友都喜欢某种特殊的食物，请务必一起去品尝。摩根和她最好的朋友就是这样，她们每两周一起吃一顿素食大餐，因为她们都迷恋蔬菜。

定期一起吃饭还有额外的好处。康奈尔大学的食品科学家在《人类行为》(*Human Performance*)杂志上发表的一项研究显示,同事们一起用餐后能配合得更好,工作效率会提高。也有其他研究表明,家庭聚餐有益于身心健康。在大学校园里跟同学们一起吃饭,同样好处多多。

不是所有的习惯和仪式都要围绕着吃喝。你们还可以一起运动、看电视剧、办派对、拍照、购物、演奏乐器、品茶,甚至一起写书。想想自己最喜欢什么,你一定能找到一个跟你志趣相投的朋友,和他一起创造仪式。

在一个机会无限的世界里,仪式和习惯能让你保持专注,帮你优先考虑那些真正重要的人。它们也许会让你遇到壁球俱乐部里的70岁老人,也可能让你找到像摩根这样的朋友。

不过,对于刚刚认识的人,你要如何表现出自己的忠诚呢?你可以主动帮助他们。下一章你将看到:是否经常给予可以决定一个人是不是一名优秀的医学生、能否顺利入职以及能否拿到罗德奖学金。

特别分享

创造仪式的两个重点

李奕

创造仪式这一章我很喜欢，我认为它是建立长久友谊的一个很实用的方法。在我看来，"创造仪式"有两个重点。

第一个重点是"仪式"。其实，仪式不需要标新立异，只是一起简单地吃顿饭，或者一起去健身房锻炼就可以。

我大四的时候有两个和吃饭有关的仪式。一个是和日本闺密友希每周日去镇上吃早午餐。我们每次都会挑一家没吃过的餐厅，目的是离开校园，体验一下外面的世界。另一个是跟中国男生詹姆斯和墨西哥男生塞尔吉奥每周三晚上开车出去吃饭，每次都选不同的菜系，比如墨西哥菜、中餐等等。

我已经忘记这两个仪式的缘由了。鉴于曾经的我并没有"利用仪式增进感情"的意识，所以我和这些朋友定期约饭应该就是机缘巧合。不过，正是因为大四那年我总是和这几个朋友一起出去吃饭，所以我们的感情一直很好。

如果要说有趣的或者另类的仪式，在我的朋友里，最有创造力的就是亨特。他组织校友聚会时总是别出心裁，我一听就想加入。比如聚会全程不能开口说话，只能通过写字和手语进行交流，比如一起穿着睡衣去街道上即兴表演……可谓各种奇思妙想。本来我还有些担心这些形式太不正常了，但没想到的是，结束之后大家的反响都非常好，效果远超预期。

总之，在仪式这件事上，既可以简简单单，也可以奇思妙想。

第二个重点是"坚持"。要始终如一地践行仪式，这比仪式本身是什么更重要！

文理是我见过的最能坚持的人。他和我还有格雷每周都会通电话，多年不变。文理和格雷每周都会一边健身一边进行三次电话交流，每次半小时。我观摩过几次，感觉他们真的非常高效。文理甚至把和格雷打电话的时间写进了公司制度，让员工都知道这些时间段不要给他安排会议。

作为朋友，文理最让我安心的一点是，我知道他会准时出现。他承诺的事情，一定会尽力做到。我记得我们刚在国内办公室认识一个多月时，我组织了20多个同事和朋友去泸沽湖跨年，他也积极报名了。但实际上，他先回夏威夷跟家人一起过圣诞节了。为了赶在12月30日那天到达泸沽湖，他从檀香山转机好几次，坐了几十个小时的飞机。我颇为感动，我们之间的友情因此而加深了。

友情里的忠诚和承诺是有相互作用力的。你不断地支持对方，对方也会同样支持你。双向奔赴的友情会越来越深厚。

创造仪式，并始终如一地保持下去，这就是友谊地久天长的秘密。

第六章

经常给予

"在这个世界上,能为他人减轻负担的人,都是有用之人。"

——查尔斯·狄更斯

你跟尼尔·阿拉查约在咖啡店见面。他早就到了，一边等你一边喝掉了四杯咖啡。你本以为每天摄入这么多咖啡因的人应该是兴奋和紧张的，但尼尔却是那么平静，看到你来了，只是微笑着招手让你坐下。

尼尔喝了一口咖啡，然后问："你还好吗？"

通常情况下，这个问题给人感觉很空洞，就像一个敷衍的"最近怎么样"或者"有什么新鲜事"。但是，当尼尔问这个问题时，却显得很有分量。好像回答"还行"或者"不错"会让他和你都感到失望。尼尔在桌子那头耐心地注视着你，让你有了分享的欲望。

尼尔又喝了一口咖啡。

30分钟后，你突然意识到自己正在谈论一部日本动漫。抬头一看，你发现尼尔一直在专心地倾听。偶尔他会提问或表示认同。但大部分时间，他只是静静地听你说。你已经连续讲了半个小时。你觉得自己得到了关心、倾听和理解。

原来，关于尼尔·阿拉查的传说是真的。

尼尔在哈佛颇有名气。在过去的四年里，他加入了美国大学优等生荣誉协会（Phi Beta Kappa），两次获得全美模拟法庭竞赛冠军，并获得了罗德奖学金。然而，提到尼尔，人们并不会称赞他光鲜的履历和成就，而是会说"尼尔总是有时间跟你聊天""尼尔是我认识的最慷慨的人"，说得最多的一句是，"尼尔或许应该少喝一点咖啡"。

如果你就上述种种去询问尼尔，他会告诉你两件事。

第一，潘普洛纳咖啡馆是哈佛广场最好的咖啡馆。克丽玛咖啡馆的氛围也不错，但无法与潘普洛纳咖啡馆相提并论。不过，如果你赶时间，去唐恩都乐也行。

第二，他刚上大学时，并不太关注他人。是后来发生的一些事情改变了他。一开始他也担心优先考虑身边的朋友会影响他施展抱负，实现理想，但他慢慢发现，帮助他人对于他自己的成功至关重要。

给予者、互利者和索取者

在《沃顿商学院最受欢迎的成功课》一书中，沃顿商学院教授亚当·格兰特研究了帮助他人如何促进自己的成功。他根据"给予风格"将人们分为三类：索取者、互利者和给予者。顾名思义，索取者想要尽可能多地从他人那里获取，互利者追求平衡地给予和接受，而给予者更愿意无私地帮助别人。

假设你和同学们一起在攻克一道数学难题，大家在分组讨论。你环顾四周，会注意到同学们之间的配合方式不尽相同。

有些同学到处搜索，一看哪组有头绪，立刻凑过去，寒暄几句，试图套出答案。一旦得手，他们就会找借口离开，继续寻找下一个目标。这就是标准的"索取者"。

而有些同学，他们可能自己也没弄明白，但还是会主动帮助他人。有人来晚了，他们会帮他们赶上进度。他们不会心猿意马，而是跟大家协同作战，一起攻克难题。这样的人就是"给予者"。

还有一些人，你会发现他们很在意公平交换。他们在自己的小组里乐于助人，毕竟其他组员也帮过他们。但是如果是别的小组的人来求助，他们就犹豫了。这样的人便是"互利者"。

其实，每次与他人互动时，我们都面临两个选择：是尽可能地多向他人索取，还是愿意无条件地给予他人帮助？

图 7

不妨再问自己一个问题：你觉得哪类人更容易取得成功？是那些只为自己考虑的，还是那些乐于助人的，抑或是那些讲究取予平衡的？

为了回答这个问题，亚当·格兰特和他的同事戴恩·巴恩斯（Dane Barnes）开始了一个关于验光师的研究项目。验光师往往面临着两种互相矛盾的利益关系。一方面，验光师出售更多副眼镜可以获得更高的收入。另一方面，他们的职责是帮助客户选择最适合的眼镜。

格兰特和巴恩斯研究了每位验光师的工作风格。有些验光师天生就是给予者。他们一上来就会了解你的生活方式、戴眼镜的习惯以及你的具体要求。他们专注于帮你找到合适的眼镜，即使这意味着他们不能当场达成销售。也有一些验光师是互利者，他们通过提供折扣来和顾客达成交易。还有一些验光师是索取者，他们会毫不犹豫、极尽所能地恭维顾客，以此卖掉最多的眼镜。

那么，哪类验光师最终卖掉的眼镜最多呢？答案是给予者。在同等条件下，给予者的收入比互利者多30%，比索取者多68%。一半以上的金牌销售都是给予者。

你可能会认为，这是服务行业，乐于助人者当然会更受欢迎了。如果换成竞争激烈的学校或者职场，给予者还能取得这样的成功吗？

为什么给予者更容易成功？

1998年，比利时的研究人员开始了一项针对医学院一年级学生的研究。在入学前，学生们接受了给予风格的测试。研究人员询问参与者，他们是否"喜欢帮助别人"或者"会主动想到他人的需求"。然后，他们跟踪了这些学生接下来七年的医学院学习生涯。

在第一年，给予者们的表现并不出众，他们总体上的GPA较低。然而，随着学生们进入第二年和第三年，结果发生了逆转。给予者们开始获得更好的成绩。

发生了什么？为什么给予者们一开始表现不佳，却能逆风翻盘？

研究人员发现，随着时间的推移，医学院的课程结构发生了变化。他们在报告中解释，"就教学形式而言，第一年的课程是基于课堂讲座，评估方式主要是通过书面考试，测试学生是否掌握了必要的知识"。第一年，给予者们往往都在奉献，他们分享笔记，帮助别人解答问题，不惜牺牲自己的时间和精力。结果，他们的成绩受到了影响。

然而，从第二年开始，学习重点从知识获取转向了与病人合作以及在较小的团体中工作。评估维度从个人考试转向了和病人的互动。教学模式的改变让那些乐于助人的学生处在了有利位置，无论是病人还是其他学生都更愿意和他们合作，他们的成绩因此而提高。

无论是大学生活还是整个人生，其实都遵循类似的模式。大一时，我们通常要参加大型公共课程和讲座。短期来看，给予可能是一种失败的策略。但随着时间的推移，慷慨的好处渐渐超过了它的成本。高年级课程通常规模较小，做项目需要团队合作。你的声誉越好，找到有才华和有趣的同学就越容易。毕业后进入职场，工作更是团队化的。由此可知，给予才是最终的获胜策略。

对大学生来说，有两个主要的启示。一个是，"给予"是一种着眼于长期主义的选择。虽然一开始这可能会牺牲一些个人的时间，但最终，这种助人为乐的态度会为你赢得良好的声誉，吸引优秀的人与你合作，尤其是在工作或学习环境更侧重于团队合作的情况下。而以自我为中心的学生则完全相反。他们会在短期内取得成功，但随着时间的流逝，他们会慢慢失去同学们的信任和支持。当人际关系变得愈发重要时，这些学生就会开始面临困境。

另一个是，无私地帮助他人在现实生活中是一种更为可取的策略。大学里，有的课程设置可能会创造出一种零和博弈的环境，特别是在曲线评分的课程中，他人的高分可能意味着你的低分。在这种情况下，你可能会认为成为一个索取者更有优势。但是，正如我们在上一章"创造仪式"中讨论的那样,这种想法是边际思维的陷阱。短期内,你可能会因此受益,但从长远来看,这可能会损害你的名声。更为严重的是,这种策略无益于为将来需要团队合作的职业生涯做好准备。

作为一个大学生,我能给予什么呢?

想象一下:读完《沃顿商学院最受欢迎的成功课》这本书之后,你深受触动,决定立刻开始主动帮助自己的朋友。

你想起了约翰,他正在找工作。作为一个大二的学生,你可能没有太多的职场经验或人脉,但这并不意味着你无能为力。你可以帮他修改简历或者和他进行模拟面试来提高他的求职技能。

你又想起了艾米丽,之前她说过,这个学期想做一些研究。虽然你可能不认识任何教授,但你可以帮她整理她感兴趣的领域的研究资料,或者助她一臂之力来完善研究大纲。你还给生物课助教发了邮件,询问是否有助教机会。虽然得到的回答是否定的,但你并没有放弃。你继续通过学院的研究项目,或者通过学校的职业服务中心寻找其他机会。

是的,作为一个学生,你的资源可能有限,但你尽力去帮助他人的心意是无价的。你不可能一夜之间变得成熟,或者拥有教授那样的学识或资源，但你可以投入时间和精力，可以共情他人。正如格兰特所强调的，给予者成功的关键在于他们的态度和行动，而不仅仅是他们所拥有的资源。记住，帮助他人并不总是需要金钱或者特权，有时候一个愿意倾听和支持的朋友就是最好的礼物。

幸运的是，有些给予是不需要财富、社会资源或经验的。只要善于观察，我们就会发现，生活中可以帮助他人的机会其实非常多。咖啡爱好者和模拟法庭冠军尼尔·阿拉查之所以能在哈佛校园脱颖而出，并非因为他的聪明才智，而是因为在关键时刻，他坚定地支持了身边的人。

悲剧降临之后

尼尔·阿拉查出生于纽约布鲁克林，有一个妹妹，从小志向远大。他在高中时就加入了辩论队，并以全优成绩毕业。他一心只想在学术上取得成功。到了哈佛，尼尔延续了在高中的策略。他对经济学和辩论很有兴趣，所以选了中级经济课并参加了模拟法庭辩论队。尼尔在大一上学期的表现可圈可点。课堂上他学得不错，他的辩论技巧也给辩论队的学长们留下了深刻印象。他还加入了哈佛模拟国会，那是一个以国际旅游和社交活动闻名的社团。但是他慢慢发现，自己虽然学术成绩很优异，人际关系却有些不尽如人意。尼尔觉得，尽管他在团队中结识了一些人，但他并没有真正投入到任何人际关系中。他说："第一个学期结束时，我感觉自己没有交到高中时的那种亲密的朋友。如果我想发消息给朋友，还是更愿意联系高中时期的那些朋友。"尼尔决定改变。他开始更多地敞开自己，分享自己不为人知的一面，把脆弱变成力量。他回忆道："我意识到，唯一阻止我的人就是我自己。"这个决定让他和周围的人关系更紧密了。

尼尔还致力于成为一个更好的倾听者，这是灰姑娘的第二项技能。在大一下学期，他加入了校园里的咨询团体"13号房间"，学习和锻炼了积极倾听和非指导型的沟通技能。

虽然大二秋季学期的尼尔有了些许变化，但他仍把学科作业和辩论比赛置于其他事情之前。你想找他一起喝咖啡、聊天？估计没戏。

然而，当悲剧降临在尼尔所在的模拟法庭辩论队之后，一切都变了。

那年2月9日，尼尔在读大二春季学期，模拟法庭A队和B队前往纽约参加地区比赛。比赛两天后，各队聚集在一起等待结果。空气中弥漫着紧张的气氛。在经过几个小时的紧张等待后，比赛终于宣布了结果：A队（尼尔所在的队伍）获得了第一名。

在返回波士顿之前，尼尔邀请同队伙伴到他在布鲁克林的家里过夜。第二天他们可以一起吃早餐，下午就能到达波士顿。三位队友第二天上午没有课，所以尼尔带着他们坐大巴车回家了。另外三位队友则乘坐另一辆大巴直接回波士顿，路上要开8个小时。

在大巴车上，尼尔和队友们闲聊起他在纽约喝过的最好喝的咖啡。电话铃声突然响了，车上的一个女孩接起电话。电话那头传来的消息震惊了所有人，大家都陷入了沉默。

那天深夜，另外三位队友在新泽西的高速公路上遇到了严重的车祸。他们的车子被一个醉酒驾驶的司机撞击后偏离了路线，队友安吉拉·马修斯当场丧生。

两天后，学校在校园教堂里为安吉拉举行了守夜活动。很多学生和教职工来到了现场，模拟法庭辩论队的成员们紧紧地拥抱在一起。他们满怀悲痛，感觉未来一片茫然。

以前，A队的七个成员每天都会花几个小时一起练习。比赛的那个周末，他们更是40多个小时都待在一起。《哈佛深红色》[1]的一篇评论中曾提到，模拟法庭辩论队就像一个关系紧密的家庭，大家一起熬夜练习、思维碰撞、分享秘密。而现在，这个家庭失去了一名成员。

对于尼尔来说，回到学校的头几天里，他的感觉是麻木的。

1　哈佛大学的学生日报。——编者注

他说:"当我回来时,一切都变了。我走进餐厅,看到人们吃着东西,笑着,好像什么都没发生过。但是,事情确实发生了。"

在随后的几周里,尼尔和他的队友们一起度过了很多时光。他帮他们安排聚会,组织晚餐,还有接受团队心理辅导。随着时间的流逝,他的关注点从自己转移到了他身边的人身上。

尼尔回想起车祸前的那个晚上,他们都因为 B 队没能晋级而难过,但事故发生之后,他意识到之前的悲伤是多么愚蠢和微不足道。

失去安吉拉的痛苦经历让尼尔开始更多地关注身边的人,并最终让他重新审视了自己的人生优先级。

在这场车祸发生之前,尼尔担心过多地关注他人会耽误自己施展抱负。他有着宏伟的职业梦想——成为国务卿或国际刑事法院的检察官。他孜孜不倦地朝着目标努力,根本没有时间顾及他人。

悲剧发生后,尼尔开始把更多的时间投入到其他人身上。他不仅没有因此而变得平庸,反而变得更加出色了。

团队成员接受了为期几个月的心理辅导,在此期间,尼尔发挥了巨大的作用,队友们都推选他成为模拟法庭辩论队的队长。

你可能正在经历尼尔这样的悲伤时刻,也可能正在和同学们一起埋头苦做艰深的统计学作业,或者处于这两种极端的状态之间。无论如何,当不幸降临时,请选择多给予。要努力为身边的人创造希望。作为一名大学生,你或许并没有丰富的资源,但你依然可以以自己独特的方式去帮助他人。接下来我们就介绍几种立即可行的给予方式。

感恩之礼

表达感激之情是一种很好的给予方式。哈佛商学院曾经做过这样一项研究:让学生们给一个虚拟的学生埃里克的求职信提供反馈。埃里克收到反馈之后,有时只是简单地确认,有时会加上一句感谢的话。结果显示,那些得到感谢的学生自尊得到提升。通过简单地表示感谢,你可以让别人感觉到自己的付出得到了认可,从而受到鼓舞,更愿意多给予。

在生活中常常表达感激,不仅对别人有好处,长远来看对你自己也有益。后续的研究显示,那些在前一轮实验中得到感激的学生更愿意继续提供帮助。这个道理听起来很简单,却很容易被遗忘。记住,每次跟别人互动完,最后都要说一声"谢谢"。

围绕感恩创造一个日常仪式,能放大感恩的效果。比如,你可以设立一个"感恩日",每周在那一天给周围的人写感谢卡或生日祝福卡。有意思的是,研究表明,集中在一天(而不是分散在一周中）进行给予更能提升你的幸福感，而这种幸福感又会增强你的动力，促使你不断给予。

不要只对老师或领导表达感激，而要对生活中的每个人都表达感激。得到了宿管阿姨的帮助，要写一张感谢卡；学年结束时，要给教授写一封感谢信。表达感激是非常简单、成本极低的给予方式，请大胆去做吧！

送温暖的关爱包

孩子去上大学，父母经常会送出非常暖心的关爱包。如果你有幸收到过一个爱意满满的纸箱，你就会知道那是一种怎样温暖、特别的感觉。

遗憾的是，并非每个人都能收到关爱包。有的父母要准备艰难的考试，有的正在经历婚姻变故，还有的忙于工作……在种种情况下，他们很难再对子女表达爱意。而你可以为这些同学去超市买一些爆米花、坚果、巧克力等小零食，用礼品袋装好，并附上一张随手涂鸦的卡片。

"关爱包"准备好之后，悄悄放在这些同学的宿舍门口。为了增加惊喜效果，还可以在门上贴个便条，写个笑话以及其他相关信息。

制作一个关爱包只需要半小时，但它可能会成为对方在那个月收到的最有意义的东西。这是一种非常强大的给予方式，甚至可以被视作一种利己行为。2006年，美国国家科学院进行的一项研究发现，"送礼者比接受者更快乐"。

帮助他人完成作业

周四晚上的哈佛食堂是一个很"恐怖"的地方。许多数学和科学作业都要求周五交。因此，学生们会坐在食堂的桌子旁熬夜赶作业。时间一分一秒地过去，他们的眼神变得涣散，绝望情绪开始萌生。

你有没有过这样的感觉？如果有，那你就知道，此时此刻有个好心的陌生人主动相助，你会多么感激。大学里的一种给予方式是，自己写完作业后，帮助他人一起完成。这个时候你已经没有截止日期的压力了，而且你对作业很熟悉，知道如何解决问题。你多花半小时提供帮助，或许能帮其他同学节省好几个小时。

除此之外，你还可以分享笔记、鼓励上次考试失利的同学、坐在听课有困难的同学身边。总之，要时时刻刻记得主动去帮助他人。如果你自己也遇到了麻烦，那更好——告诉正在发愁的那个同学，他并不孤单，无论这门课有多难，都有你陪他一起攻克。

介绍朋友

在形成"对抗困难作业联盟"之后，或许你又结识了两个新朋友。凌晨4点，大口喝着能量饮料的你突然意识到，这两个人都非常喜欢徒步旅行，但他们并不认识彼此！

介绍朋友是另一个非常简单的给予方式。当你发现你的两个朋友有相同的兴趣时，不妨介绍他们认识。你可以给他们分别发信息，解释你为何认为二人应该认识一下。例如：

嗨，维尼：

你见过跳跳虎吗？他是我一个非常要好的朋友。他很外向，总是活力满满，弹跳力出色，而且他也喜欢去森林探险。我知道你正在寻找一个可以一起爬树的伙伴，所以我想介绍你们认识一下。

坎加

嗨，跳跳虎：

我有一个非常亲密的朋友，叫维尼。他很体贴、会关心人，很喜欢吃蜂蜜。他跟你一样，也是一个大冒险家。我知道你想结交一些校外的朋友，所以我想把他介绍给你。

坎加

通过 bif 找到最好的朋友

什么是 bif？bif 对你来说可能是垃圾，但对别人来说可能是宝贝。它本身非常珍贵，你不想要却又不能丢掉。比如，bif 可以是塑料剑、对讲机以及任何 21 世纪初制造的东西。

我们都会收到 bif。比如，从没给你寄过东西的父母突然给你寄来一个包裹。你非常开心地拆开了包裹，看到你奶奶做的肉桂曲奇饼干，你的脸色一下子就变了。当然，这些饼干非常美味，可是，你此时正在节食，吃掉它们对你来说是一种莫大的负担。可这是长辈的心意，即便不需要你也不能直接扔掉。这就是 bif。那么，你该怎么办呢？

每次收到不想要的东西时，不要失望，要把这当作关心他人的机会。

bif 有点类似于二手礼物。遗憾的是，大多数人认为转送礼物是社交禁忌。他们以为转送礼物会冒犯一开始赠送礼物的人。然而，伦敦商学院所做的研究发现，大多数人其实乐见自己赠送的礼物被转送出去。研究人员进行了五组实验，分别记录了赠予者和接收者对于礼物的看法。研究表明，赠予者通常认为，他们已经把礼物送了出去，物品所有权归接收者所有，至于接收者之后如何处置这个礼物，那是人家的自由；而接收者通常认为，初始赠予者仍然对这份礼物拥有部分所有权，担心将这份礼物转赠会令其不悦。实际上，是他们多虑了。

转送礼物是可以接受的。你奶奶一定会很高兴看到你把她做的饼干跟同学一起分享。转送礼物时，别忘了附上一张表达心意的卡片。你的朋友会很开心，而你也不必担忧自己多吃饼干会长胖了。

给予会变得越来越容易

刚开始主动帮助他人时，有可能出现一些小插曲，比如请不爱喝咖啡的朋友喝咖啡、撮合两个性格不合的人、弄错要感谢的对象。但随着你给予得越来越多，你会发现一切都变得自然而然。

经常给予，给予就会变得更容易。你会慢慢了解别人的需求。比如，如果你的室友晚上喜欢有人陪伴，那你就多陪陪他；如果室友第二天有一场重要考试，你可以写个加油的小纸条来鼓励他。根据别人的反应来调整你的行动，久而久之你就会发现，无须多言，你就知道他们需要什么了。

投之以桃，报之以李。当你向他人伸出援手时，就是在向其表明，你是一个值得信赖之人，而当你需要帮助时，他们也会义不容辞。帮助和给予可以形成一个美好的正向循环：你越是慷慨，你的朋友们就越愿意回报。日积月累，你会拥有支持性非常强的社交网络——一群满怀爱心、充满正能量的朋友。

就像尼尔在队友遭遇车祸之后所体会到的，多花时间陪伴和关心其他队友，是他能提供的最大支持。助人终助己，因为得到帮助的队友也希望尼尔能够取得成功。因此，不要一遇到挫折就轻易放弃。坚持给予，最终一定会收获美好的果实。

成为"咖啡馆里的尼尔"

辩论队队友车祸丧生后，尼尔的想法和行为方式都发生了改变。他开始更多地向周围的人伸出援手，并因此得到了很多意想不到的机会。

他首先被选为模拟法庭辩论队的队长。在这个新角色中，他慷慨地指导年轻队员，并且最终得到了回报——他们队在比赛中获得了全国冠军。

不久之后，在哈佛模拟国会的成员的鼓励下，尼尔又一次成为领导者。他凭借真诚和对他人的关怀得到了社团里所有人的尊重和信任。

　　社团活动的成功并没有影响尼尔的学业。他成了美国大学优等生荣誉协会的成员，并获得了罗德奖学金，这在一定程度上得益于他在各种社团活动中展现出的团队领导力。

　　以上种种皆说明，尼尔如果没有先成为一个给予者，可能就不会取得这样的成就。成功往往源于我们所处的社群和周围人对我们的支持。通过积极地帮助和关怀他人，尼尔无形中建立了一个团队，而这个团队由那些希望他取得成功的人组成。不仅要做一个聪明的人，更要做一个不断给予的人。

・特别分享・

一份社交媒体时代的另类社交指南

李奕

2017 年，我回国之后，在全国办了一系列的线下见面会。

在我整理大家的问题的时候，发现有很大一部分问题是跟社交和沟通相关的。当我在准备要分享的内容的时候，一个主题在我的脑海中逐渐浮现，变得越来越清晰。

在这个时代里，我们可以很轻松地主动打造自己的社交圈。只要敢于搭讪，认识新朋友，主动学习沟通和社交，学会提问，你就真的有机会认识很多高质量的朋友。这是一件投资回报率特别高的事情。

在网络特别发达之前，大部分的人际关系都会经历三个阶段：陌生人→某种非朋友的社会关系（比如同学／同事）→朋友。

回想我小时候的朋友，几乎每一个都来自学校或者课外班，最多可能是父母朋友的孩子或者邻居家的小孩。换句话说，我的社交圈并不是自己主动选择的，而是外界给我安排好了的。

做同学时间久了就成为朋友，同事关系不错也能发展成工作外的朋友，这都很正常。似乎你不用花什么心思，就已经有一个还算紧密的社交网络了。

现如今，社交网络如此发达，我发现人际关系突然有了一种新的可能性：陌生人→朋友。我们从网络上了解彼此，如果互相欣赏，就能从陌生人一下子成为一起吃饭喝酒的朋友，不用再经过多年的"线下感情培养"。

让我突然意识到这一点的，是在北京时见到的许多网友。第一次，我发现自己的社交圈不再局限于同学/同事关系，而其中相当重要的一部分是我在网上认识的好朋友。这些人当中，既包括我欣赏的其他公众号分享者，也有我的许多读者。

我们有了越来越多的"志同道合者的线下聚会"，虽然刚刚只见一面，但陌生人往往能因为相同的兴趣爱好而很快走到一起。

最棒的是，这些人都是我主动选择的，他们和我的三观惊人地契合，给我带来海量的信息和价值。而从陌生人到朋友的这一步，并没有想象中那么难。

这个时代的无限可能性，也体现在了你的社交圈上。你可以跟那些以前完全不可能认识的人成为朋友。想想就觉得真神奇！

我曾经也是一个会默默关注别人，不说一句话的"潜水高手"。写公众号改变了我，让我变得乐于分享，愿意认识新朋友。经营公众号还可以看到读者的反馈，了解读者更乐于接受哪些方式。

希望这篇《一份社交媒体时代的另类社交指南》可以教大家几个亲测有效的思路和技巧。

1. 永远先向对方提供帮助

在大学期间，给予我最多帮助的校友之一是 N，而 N 和我并不是典型的通过邮件来沟通的。

N 在一家华盛顿的智库工作，某次他来学校做讲座，结束后来到我们学校的职业发展办公室，主动跟前台提出他是本校校友，愿意为在校学生做些什么。

前台接待的小姑娘并没有给他一个很好的答复，而那时我刚好在旁边写作业，便主动上前对他说，我们可以聊一聊。当时我读大二，刚好在学生会工作，也想建立一个让校友来指导在校学生的项目，很愿意给他提供一些资源和途径。

后来他希望为工作的智库找一些程序员，我便在学校里办了一场比赛，帮他找到合适的人选。我在做这些的时候并没有想着得到什么回报，但之后每次我找实习，他都主动推荐自己圈子里的人给我认识，甚至当我去丹佛实习时，他还向我介绍他住在丹佛的姐姐姐夫，让他们带我登山。

我常想，如果当初是我主动向他求助，他不一定会这么热心。

相反，正因为我首先给他提供了我的资源，他后来才愿意一直帮助我。

这个问题引申开来，其实还可以转变成"勾搭别人的时候，怎么说最有效"。

"先向对方提供帮助"的方法同样适用。比如杰森跟我分享的这个小故事。

有很多人在后台要求加我微信，其中让我印象最深刻的一条是这么说的："我也不知道能给你提供什么帮助，但是我家旁边的羽毛球场特别便宜，只要10元一小时。如果你在北京想要运动的话，我可以带你去！"

我看完高兴得要命，赶紧加了对方。

我觉得最重要的心态就是：不要觉得对方这么牛，你对他/她一定是无用的。

作为学生，我们有学校的各种资源，比如在学校做宣传，借场地；作为当地人，我们可以当合格的地导，给对方独特的旅游体验；如果对方卖东西，你可以购买然后送给小伙伴；任何兴趣爱好，你也都可以作为技能主动与对方交换。

其实重要的并不是你拥有的资源立刻就能产生价值（往往不

会），而是你在思考自己能为对方做什么的时候显示出的真诚。这才是一切关系建立的关键。

2. 赋予自己"使命感"

在北京聚会之前，我给每个小伙伴定了一个小目标：在现场认识三个新朋友。我还让大家分小组讨论，互相分享一部最喜欢的电影、一本给你带来快乐的书和一个最近购买的 100 元以內提升幸福感的小物。

设定目标，就是想让大家产生一点点使命感，觉得自己"有理由去和陌生人交流"。

太多太多时候，我们不开口，都是因为觉得：开口说啥呢，会不会显得自己很奇怪啊。

麦肯锡洛杉矶办公室才百来号人，但因为大家平时都各自出差，所以我真正叫得上名字的并不多。我之前也抱着一种没理由去认识别人的心态，直到开始负责办公室 Values Day（文化日）的视频制作，要去采访同事们对麦肯锡文化的看法。

我本来不会跟不熟的同事或合伙人打招呼，这下子立马勇气爆棚了，看到谁路过就赶紧抓来录一段小视频。合伙人的门我也敢敲了，反正我有使命在身啊！

为了拍这个视频，我采访了办公室 50 多位同事，大部分都是我以前没说过三句话的。

我反思为啥自己胆子变大了——因为我觉得自己有了一种"使命感"，和别人说话不再是没理由的了。

如果别人没有赋予你使命感，就自己赋予自己一点，这样和其他人交谈的时候胆子就会大得多。

3. 考虑对方最常使用的媒介

很多人的社交媒介都不是单一的，从公众号、微博到知乎、小红书、Instagram（照片墙）。

想去勾搭某个大 V，可以先观察下对方最常用的媒介是什么。

拿我自己举例，过去领英上加我的人比较多，我很少能够逐个看完。此外我几乎几周才会上一次领英，即使回消息，也都是龟速的。而公众号我基本一两天就会登录后台，是我最常用的发布信息的媒介。即刻则是我这两年常用的平台，如果私信我，我一般都能看到。

有些人虽然是知乎大 V，但在微博上更活跃；有些人豆瓣同步更新，但公众号发布内容更早。这些都是善于观察的人会抓住的小细节。

都说得这么具体了，不如再附送一个技巧：如何从微信群里加人？

我在公众号上公布过个人微信号，所以加我的小伙伴比较多。大概超过一半的人发送好友申请消息时都是直接套模板的，比如"我是群聊 xxxx 的 xxx"或者"我是 xxx"。

问题在于，当我看到你的好友申请时，短短一行有效文字的空间全被没用的群名给占据了。

聪明的做法是把群名删掉（或者改短），然后在有限的一行空间里输入真正有意义的文字，比如你的关键词，或者你想说的话。哪怕只是很简单的一句"xxx，大三学生，很喜欢你的公众号"，也是更好的打招呼方式。

4."点赞之交"真的不可取吗？

我曾经收到一条提问："和一个刚认识但又不常见面，或者在网上认识还没见面的人，要怎么保持联系呢？"

我的答案很简单：不一定要刻意去联系。可以维持点赞之交的关系，等待下一次你可以给对方提供帮助的机会。也有的小伙伴加了我之后，会来跟我说说近况，末尾还会说一句："不用麻烦回复我！"这样能简单地表达"我记着你呢"，我觉得挺好的。

据说每个人最多只能拥有 150 个朋友。在社交网络如此发达的年代，这显然已经不再准确，但事实依然是我们不可能也没精力跟上千人保持紧密的关系。

有些人会是你最亲近的闺密，能够一起吐槽、八卦；有些人是偶尔见一面，能互相给予灵感的朋友；有些人则是（微信）朋友圈里的点赞之交。我们要接受不是每个人都能成为自己的 BFF（Best Friend Forever，意为"永远最好的朋友"），接受人与人之间生来就有着不同的交往距离。

对于那些有一面之缘但并不熟悉的人，如果可以给他们提供有价值的信息，我也会主动给予帮助。或许他们也会以同样的方式对我。但在那之前，做彼此的"点赞之交"也许就是我们之间最舒适的相处方式。

说到底，我最想告诉大家的就是，社交价值不但来自索取，更来自奉献，因此，一味地想认识比你牛的人其实并不是一种健康的心态。

要你的知识分享出去，从"帮助他人"开启一段关系。经常给予，让别人因此受益，永远是扩大、巩固社交圈最有效的办法。

PART 2

进阶：灰姑娘五项技能的补充和灵活应用

第七章

优先级排序

"行为说明了优先级。"

——圣雄甘地

晚餐进行了 30 分钟，本的手机屏亮了。他看了一眼，勉强能看清屏幕上的文字："本，你在哪里？演出还有 30 分钟就开始了！"是杰森发来的。

本放下手机，抬起头。周围坐着的都是他的朋友，十五个男生围坐在一张长木桌旁。本右边的两个家伙在开玩笑，聊着一些失败的爱情故事。一个即将毕业的学长伸手拿了一块芝士蛋糕。角落里的一个朋友，正无比钦佩地看着另一个正在大口喝葡萄酒的同学。

"多么奇妙的氛围，既有派对的疯狂，又有家的温馨。"本心想。然后他低下头，看到手机屏幕再次闪烁。

"本，你在哪里？这对你的音乐事业可能非常有益。"杰森又发来一条消息。

本悄悄地站了起来。他轻轻地把椅子推回桌子下方。当他离开时，几个朋友拥抱他，并祝他好运。出门前，本又回头看了看大家，然后踏上了剑桥夜晚凉爽的街道。

往宿舍楼走的路上,本快速回顾了一下今晚的聚会。他心里想:"多么神奇的一群人啊……"转而他又想起了那个难得的机会。他低头回复信息:"别担心,我来了!我绝对不会错过与说唱歌手钱斯见面的机会!"

　　回到宿舍后,本一边换衣服,一边还在琢磨命运刚刚赐予他的机会。这可能会彻底改变他的音乐事业。

最重要的事

过去五年里,本·布卢姆斯坦一直在接受专业音乐家的培训。他出生在华盛顿州的西雅图,父亲在他14岁的圣诞节时送了他人生中的第一支麦克风,而这份简单的礼物让他开始迷上音乐。

本从高中就开始为自己和身边的朋友创作音乐了,进入哈佛之后,他又开始玩说唱。

他制作的第一张专辑《最重要的事》(*Bare Essentials*)中有这样一句歌词:"洛基,通往时间尽头之门已经打开;奥丁,在夜色中徘徊,隐入黑暗。"带着对文字的敏感和对节奏的掌控,他在词曲创作上展现了自己的才华。

本还有一种令人难以置信的能力——他能让他人很舒服,觉得自己得到了关心。在大三时,他加入了第三章《认真倾听》中提到的辅导小组13号房间。慢慢地,他结识了一群充满爱心、关心他人并且忠诚无比的朋友。

大四暑假，本和他的好朋友杰森一起住在洛杉矶。在此期间，本从事音乐工作，并与其他一些艺人建立了联系。本最喜欢的音乐家之一就是说唱歌手钱斯。出于对钱斯的钦佩，本运用了第一项灰姑娘技能：主动出击——直接联系钱斯的制作人。经过一番简短的交谈，制作人承诺，如果钱斯要在剑桥表演，他会联系本。

差不多一年后，就在本即将大学毕业几周前，他收到了一封钱斯的制作人发来的邮件。钱斯将在与哈佛广场只有几步之遥的一家名为 Sinclair（辛克莱）的俱乐部演出。制作人为了让本见到钱斯，把本和钱斯都列入了嘉宾名单，届时会给本发工作证，他可以直接进入后台，与当晚的表演者共度美好时光。

能够到现场看钱斯演出对本而言是一个千载难逢的机会。钱斯不仅是本的偶像，可能还是帮他开启事业之门的钥匙。音乐行业竞争很激烈，能否有赏识自己的前辈至关重要。可是，钱斯演出的时间与本毕业晚宴的时间冲突了。

本回到宿舍换衣服时，他的心情很复杂：他很期待与钱斯见面，心情很激动，但同时也感觉很内疚。就这样离开如此重要的一个晚宴，放弃最后一个与大学同学好好说再见的机会，他做得对吗？

本的故事展示了一个痛苦的事实：我们在人际关系中总要面对权衡问题。我们希望与每个人成为朋友，但我们做不到。我们的时间、精力甚至心智空间都是有限的。我们必须做出选择：我们要优先考虑什么？当偶像歌手和毕业晚宴同时摆在自己面前时，我们该如何选择？

为了说明优先级排序的重要性，接下来我们将探讨一下，为什么英国人有写圣诞卡片的习惯、为什么长胖具有传染性以及为什么美国西南航空公司在服务方面如此糟糕，同时在其他方面又如此出色。

为什么你不会收到 500 张圣诞节贺卡？

大概 20 年前，进化心理学家罗宾·邓巴（Robin Dunbar）开启了对英国人寄送圣诞卡的研究，用以衡量社交群体的规模。因为很难直接计算人与人之间的社交往来，所以他选择通过圣诞卡来进行分析。他观察到，人们在圣诞节会努力和他们社交圈内珍视的每个人联系。研究发现，平均每人会收到大约 150 个个体发来的圣诞卡，这个数字恰好与邓巴早期的猜测相吻合——人类的社交网络有一个上限，约为 150 人。

这个上限是基于他对灵长类动物的研究。邓巴推断，灵长类动物的大脑之所以比其他物种的大，是因为它们需要管理更多的社交联系。大脑越大，能维护的社交关系就越广泛。当他把人类的数据和其他灵长类动物的进行对比时，发现我们社交规模的上限是150人左右。

这个"邓巴数"在历史上多次出现，无论是古罗马的军团，还是像阿米什人那样的社群，甚至是现存的狩猎采集部落，人数都在150左右。这表明，我们的社交能力要受生理基础的限制。

邓巴将我们的社交关系比作同心圆。最外层的150人是我们偶尔联系的人，比如那些我们会邀请参加婚礼的人。紧接着是更亲密的50人，我们可能会邀请他们参加派对，但他们算不上我们的密友。再往里是15个最亲近的人，是我们在需要安慰和支持时的依靠。最内层的5个人则是我们的核心关系，包括家人和挚友。

邓巴的研究告诉我们，我们的友谊是有界限的。在大学时，我们可能想维护所有的社交关系，但实际上我们只能在有限的时间和精力中做出选择。是去参加新朋友的派对，还是和室友待在宿舍？是给家人打电话，还是和高中的密友聊天？因为无法和每个人都保持紧密的联系，我们需要学会合理安排我们的社交优先级。

有人说，我们是我们最常共度时光的五个人的平均值。这句话背后的意思是，我们的社交网络塑造了我们。研究显示，朋友不仅会影响我们的幸福感、取得的成绩，甚至会决定我们是否会在大一时增加7千克体重。

如何避免大一增重 7 千克？远离你的室友

2007 年，两位社会科学家尼古拉斯·克里斯塔基斯（Nicholas Christakis）和詹姆斯·福勒（James Fowler）为了了解人际关系对健康的影响，搜索数月，找到了一个关于健康和社会关系的纵向研究——弗雷明汉心脏研究（Framingham Heart Study）。

弗雷明汉心脏研究跟踪了马萨诸塞州弗雷明汉的 15 000 名参与者的生活。该研究始于 1948 年，一直持续到今天。最初的研究者希望了解胆固醇水平与心脏健康之间的关系。为此，他们跟踪了参与者接下来 60 年的健康状况。在每次调查时，他们要求参与者列出他们在弗雷明汉周围认识的人。克里斯塔基斯和福勒试图利用这些数据构建该镇的社会地图，意外地挖掘了一处社会科学家们的宝藏。

两年后，二人所在的团队绘制出一个包含 5124 名参与者和 53 228 种人际关系的地图。他们在计算机上创建了一个动态图，显示了从 1971 年到 2003 年每位参与者的体重数据。每个人在地图上以一个点出现，点的大小与这个人的体重成正比。当各个圆点随着时间的推移在地图上动起来时，研究人员注意到了一个规律：人们的体重增加并不是随机的，而是与他们周围人的体重变化有关。

研究人员对结果感到好奇：体重增加是有传染性的吗？因此他们进一步研究了这个现象，发现类似规律在吸烟习惯上也存在：如果一个人的亲密伙伴中有人吸烟，他就更有可能吸烟。而如果他的一些朋友开始戒烟，他也很可能跟着戒烟。实际上，这种影响不仅仅限于直接关系。研究人员发现，如果参与者的一个朋友的朋友变得肥胖，参与者变得肥胖的可能性会增加20%。即使两个人共同的朋友体重没有变，这种相关性仍然成立。研究发现，我们会影响与我们隔了三层关系的人，同时也受到他们的影响。比如，你朋友的室友的男朋友度过了美好的一天，你在那天也更可能心情愉悦。

　　这项研究揭示了一个简单的主题：我们的朋友会影响我们成为什么样的人。如果你最好的朋友体重增加，你自己体重增加的可能性会增加三倍。同样，每拥有一个快乐的朋友，你个人的幸福感会提高9%。选择与谁共度时光不仅仅是一个社交问题，它还关系到健康、幸福和成功。

　　过去几十年里，商界对于如何设定优先级进行了深入研究，即所谓的战略规划：在资源有限的情况下，如何有效分配这些资源以获得最大效益？同样，在时间有限的情况下，我们每个人应该如何合理安排，以构建更有意义的人际关系呢？

　　MBA（工商管理硕士学位）课程中有一个课程叫"战略

101"，讲的是著名经济学家迈克尔·波特的理论。波特的研究虽然主要集中在商业领域，但我们完全可以将其应用于大学生活中。他认为，企业有两种成功途径：提高运营效率和战略制胜。

运营效率是指最大限度地利用现有的资源。对于企业来说，这可能意味着降低成本或提高生产效率。比如，对于一家汽车制造公司来说，提高运营效率意味着每天生产更多的汽车。波特指出，"运营效率是指任何能让公司更有效地利用资源的做法，比如减少当前产品的缺陷或加快新产品开发的速度"。这些小幅度的提升不断累积，会带来至关重要的改变。

而战略制胜意味着选择通往成功的赛道。这涉及公司的高层决策。比如作为汽车制造商，你应该投资电动车还是自动驾驶技术，抑或是按兵不动？如果没有正确的战略，无论你如何努力，最终都可能是白费力气。

到目前为止，你已经学到了五项"灰姑娘技能"，这些技能都是与他人更有效地建立联系的方法。从某种程度上来说，这些技能提高了经营人际关系的效率。你与他人建立联系的速度越快，你们的关系就越紧密。但正如波特所指出的那样，仅靠提高运营效率是不够的，要想真正取得成功，你还需要做好战略规划。

你必须做出取舍的原因

你可能不知道,美国西南航空公司在航空行业中其实是个异类。这家航空公司没有指定座位,只用一种飞机型号——波音737。想坐他们的商务舱?别想了,他们只有经济舱。

传统航空公司会提供尽可能多样化的服务,会在大型机场停靠,会提供长途航班,还会划分不同的座位等级,比如头等舱、商务舱和经济舱。他们试图满足所有乘客的需求,无论是初次飞行的乘客还是经常出差的商务旅客。美国西南航空公司则选择专注于为乘客提供低成本、便捷的服务。这就意味着他们必须做出一些取舍:航班上没有餐食服务,不提供免费的行李托运,登机口的工作人员也比其他航空公司的少。不过,他们推出了电子登机系统。

这些措施虽然对乘客来说可能不那么方便,却使航空公司降低了成本。这种低价策略吸引了一大批忠实客户,也使得美国西南航空公司成为美国最大的国内航空运营商之一。

1993年,美国大陆航空公司试图模仿美国西南航空公司的成功模式,成立了名为"大陆轻型"的子公司,借鉴美国西南航空公司的低成本策略。他们取消了头等舱座位,不提供餐食,降低了票价。但美国大陆航空公司的管理层并不愿意全盘接受美国西南航空公司的激进变革。美国大陆航空公司之前成功的原因之一在于出色的服务,所以即使是作为子公司的大陆轻型,也继续使用旅行代理和不同型号的飞机,并保留了行李托运服务。

美国大陆航空公司不愿意做出妥协,最后,与美国西南航空公司取得了优秀业绩不同,它这种"两头不靠"的方式导致了两败俱伤。大陆轻型确实提供了便宜的航班和少许便利设施,但最终赔了钱。

仅两年后,美国大陆航空公司宣布关闭大陆轻型子公司。在那两年里,他们损失了1.4亿美元。之后,26位副总裁离开了公司。

美国大陆航空公司的故事揭示了一个重要的原则:你不可能样样精通。不管你多么努力地想要提升自己的"灰姑娘技能",如果没有明确的优先级排序,最终仍可能会在错误的人身上浪费时间。

意识到优先次序的那一刻

打开宿舍的门,本深吸一口气,努力让自己平静下来。没想到,他真的就要和钱斯见面了。他走向衣柜,挑选了一件自己最满意的衬衫。

然而，照镜子的时候，本又想起了刚刚朋友对他说的话："这是你一辈子只有一次的机会，你必须抓住。"

往 Sinclair 俱乐部走的路上，本穿过哈佛大学的主校区：大二和大三住过的宿舍楼，和朋友们夜里喝醉后蹒跚而行的街道，甚至还有晚宴聚会的地点……四年的大学生活历历在目。

到了 Sinclair，本直接走向保安。那名魁梧的男子不耐烦地挥手，示意他进去——他的名字就在名单上。但不知为何，本犹豫了。他回想起和朋友们的第一场演出：站在临时搭建的舞台上，看着台下一群朋友衣着朴素却充满热情。他还记得演出后女友对他说的话。有时，她并不喜欢本的朋友。但在这场音乐会上，她看到了本和朋友们对彼此令人震撼的忠诚和爱。

突然间，本意识到自己犯了错误。他想："我在干吗？我竟然为了追求一个可能有用的机会而放弃了和朋友们的最后一次相聚……"这一刻，他忽然意识到了不同关系的优先级。

本径直转身，往毕业晚宴的地点走去。穿过几个街区，站在门外，本再一次在心中盘算自己的选择到底对不对。最后，他下定决心，推开门走了进去。听到开门声，这群即将毕业的同学转过头来，满脸困惑地看着他。

本对他们说："朋友们，我差点搞砸了……你们才是我最重要、全心全意对我好的人，我怎么能毫无感激之心，把你们扔在这里去见别人呢?"

正如本所意识到的,把优先级当作一个抽象化的概念来理解,是很容易的。我们当然应该把时间花在我们最在乎的人身上,这是人人都知道的事实。在紧急情况下,大多数人能说出他们最看重的关系。然而,真正困难的是,我们能在行为上与思想上的优先级保持一致。我们可能会认为家庭是最重要的。但实际上,我们与室友交流的时间比与家人的更多。我们可能会说朋友比恋人更珍贵,但每个周末我们都在陪伴有八块腹肌的男朋友。

优先次序就像是支撑所有关系的看不见的框架。说实话,确定优先次序并不容易,它意味着你需要做出可能令人不太舒服的选择。

尽管如此,我们还是鼓励你去做出这些困难的决定。明白自己最看重谁,可以让你专注于最重要的事情。这样一来,你会在进行选择时减轻内疚感,会多给家里打电话,甚至会成为一个更好的朋友。

确定你的优先级

想象一下,你和室友在深夜聊天。他懒洋洋地躺在上铺,你懒洋洋地躺在下铺。

你正在读一本关于"关系优先级排序"的书。你似乎没怎么考虑过给自己的各种关系排序——好像也没有人会考虑这个问题。不过，也许你的室友会。他与人相处时看起来总是游刃有余，你觉得他一定知道如何给自己的人际关系排序。于是，你开口请教他。

他果然知道。当你问起他的优先级次序时，他几乎脱口而出。

"首先一定是家人。"他说。

"接着可能是室友。"他接着说，"其次是新交的朋友。"

"然后是已有的朋友。"

"嗯，最后可能是女朋友。"

在接下来的几周里，你一直注意观察你的室友，想跟他学习排序的技巧。生物课上刚刚讲过渗透作用。虽然你还没读到"如何确定优先级"那部分内容，但你觉得差不多就是室友的做法。

然而，随着时间的推移，你越来越困惑。你还没见过你的室友和他父母通过一次电话。他大部分时间都在各种派对上跟朋友们一起喝酒。回到宿舍之后，你对他的一举一动更是看得一清二楚。

他的行为和他所说的优先次序完全不一致。

与更多的朋友交流后，你发现这似乎是普遍现象。有个同学说女朋友最重要，却花更多时间玩 Xbox（微软游戏机）。一个教授说学生是她的"首要任务",但她一周最多回复学生一次邮件。甚至你自己也掉进了这个陷阱。你可能会说高中的朋友对你很重要,但你们每隔一两个月才联系一次。

难道每个人都是伪君子吗?不完全是。你可以在身边的朋友中进行一个实验,请大家为他们的关系排序。然后,让他们将自己的答案与接下来一周的日程表核对一下,看看二者是否一致。

当我们思考如何确定人际关系的优先级时,通常会遇到两个问题。首先,很少有人能够清楚地表达他们的偏好。也就是说,很少有人真正考虑过他们的人际关系策略。其次,人们的行为常常与他们所说的偏好不一致。这种不一致可能意味着他们需要改变自己的行为(例如,多花时间和高中朋友在一起),或者需要重新排序(例如,把高中朋友放在大学朋友之后)。

在经济学中,这被称为"陈述性偏好"与"显示性偏好"的差异。例如,你可能会说,如果上铺室友不在床上吃零食,你愿意给他100美元。但实际上,你只愿意支付50美元——因为你没那么多钱。100美元是你的"陈述性偏好",而50美元是你的"显示性偏好"。

确定优先级的第一步是将你的陈述性偏好与你的显示性偏好变得一致。你需要深入思考,做出艰难的决定。为了帮你实现这一点,接下来,我们将向你展示一种专业人士历时五年研究出来的方法——"关系分解法"。

关系分解法

应用理性中心（Center For Applied Rationality，简称 CFAR）专门帮助有抱负的人做出更好的决策。CFAR 由一位前 NASA（美国国家航空航天局）研究员、一位统计学家和两位数学博士于 2012 年创建，向参与者收取数千美元的费用，帮助他们克服常见的认知错误。如果你想成为一个更好的规划者、预测者或目标设定者，你应该联系 CFAR。

CFAR 的一个很受欢迎的工作坊采用的就是目标分解法。这个方法要求你思考自己在日常生活中是如何分配时间的，比如每天学习几个小时、每天什么时候去星巴克喝咖啡、每天使用社交媒体几个小时等等。在详细记录你的时间使用情况后，工作坊会深入挖掘这些行为背后的原因。比如，为什么你每天都去星巴克喝咖啡？因为你希望在那里结识新朋友。那为什么一定要每天早上去呢？因为其他时间段星巴克里的顾客更多，你更不敢跟咖啡师搭讪。这又是为什么呢？因为很在意别人的目光……就这样层层深入。

目标分解法就像数学中的大数分解一样，可以帮你分析日

关系分解法

1 明确你的价值观

游轮游戏:
步骤① 写下你的七种人际关系
步骤② 开始讲故事
步骤③ 丢掉两种关系
步骤④ 再丢掉两种关系
步骤⑤ 再丢掉一种关系
步骤⑥ 再丢掉一种关系
步骤⑦ 倒序排列七种关系
步骤⑧ 回顾你的优先级

2 注意不一致性

小提示:
- 写下每种关系中的具体人物,明确谁属于哪个类别;
- 查看日历,准确了解你的每个时间段都做了什么;
- 查看"最近的一周"都做了什么。

3 重新调整

"制度化"承诺:
- 回顾一下你的不一致之处;
- 判断什么对你是最重要的;
- 对于你看重的人,增加你们之间长期的仪式。

图 8

常习惯，找到行为背后的根本动机。假设你是一个没钱的大学生，却总是去买昂贵的咖啡。因为你暗恋某人，心里很忐忑，喝咖啡能让你平静下来。那么，改成每天早上喝一杯热量高的拿铁行不行？或者，你可以改变哪些行为，来更好地满足自己的核心需求？

目标分解法是一个很好的方式，可以帮助你抓住核心需求。接下来，我们将向你展示由此改编的"关系分解法"，帮助你识别哪些关系对你最重要。通过这种方法，你可以深入了解自己与他人的联系以及你在这些关系中追求的价值和目标，从而更好地确定自己的优先级，并确保你的行为与你的优先级一致。这将帮助你建立更坚固、更有意义的关系。

第 1 部分：明确你的价值观（游轮游戏）

做一个好室友比做一个好朋友更重要吗？在目前的生活中，你更愿意拥有一个重要的伴侣还是一个重要的导师？当你打电话时，你更多是打给家人还是打给高中时的好朋友？明确你的价值观是很困难的一件事。为了帮助你做到这一点，我们将向你介绍一个流传在哈佛大学露营队长们之间的游戏——游轮游戏。

▶ **步骤①　写下你的七种人际关系**

所谓类型，我们指的是一般的人群类别，例如朋友、家人、挚友和导师。对于文理来说，他的七种关系（没有特定的顺序）是朋友、特殊的人、家人、室友、导师、新认识的人和富兰克林联谊会——他最喜欢的学生团体。对于格雷而言，他的七种关系是普通朋友、挚友、熟人、家人、导师、重要的另一半和计算机专业的朋友。为了明确类别，可以在每个类别下列举一两个例子。这样的分类并不完美，但能让你有一个大致的印象。然后，将这七种关系分别写到七张小纸片上，把小纸片保存好。

▶ **步骤②　开始讲故事**

接下来，你需要给自己讲一个故事（或者团队中的某个人负责讲一个故事）。我们会给你一个示例故事，你可以根据自己的喜好随意调整。

故事：你的岛屿游轮冒险

啊……多么美好的一天！终于来到了巴哈马。你换上泳衣，戴着墨镜，还涂了一层高防晒系数的防晒霜。你迫不及待地想开始这次巡航。

终于，船上的广播响了。听说这里的自助餐无限量供应芝士蛋糕。你跃跃欲试,想要大快朵颐。

然而,30分钟过去了,你还没有走到用餐区,因为74岁的玛莎女士向你发起挑战,要跟你打沙壶球比赛。当你意识到这简直是地球上最无聊的活动时,为时已晚。你沮丧地将一个沙壶球砸在了船舷上。

突然,你听到广播里传来声音。

"大家请注意!大家请注意!紧急情况:我们的下层甲板壁被一个沙壶球击穿了,船很快就会进水。为了防止沉船,我们需要减轻重量。现在,请每位乘客将自己带来的物品扔掉两件。"

▶ 步骤③ 丢掉两种关系

看一下你手中的七种关系。从中选出两种,丢在一边。

故事:你的岛屿游轮冒险(续)

"怎么会发生这样的事!"你对旁边的乘客说,"怎么会有人恰巧击穿游轮的甲板壁呢?"

你耸耸肩,无视慢慢聚集的人群。

"好了,别再瞎逛了,还是赶紧去找芝士蛋糕吧!"你继续搜索。

你拐进一个洗手间,暗自思忖:"游轮上是怎么处理这些污水的呢？"你决定找机会弄清楚。

五分钟后，你起身冲水，心里默念着："感觉还不错。"

突然，船上的广播里又传来一阵刮擦声。

"请大家注意！请大家注意！刚刚我们的卫生系统发生了故障，不明物体爆炸，刺穿了船体。船很快就会进水。"

你看了一眼马桶，才意识到上面有个小牌子，写着"请勿将卫生纸丢进马桶"。

你感觉难以置信："这个牌子一直都在吗？我刚刚怎么没看到！"

"为了防止沉船，我们需要减轻重量。请每位乘客将自己带来的七件物品再丢掉两件。"

▶ 步骤④ 再丢掉两种关系

看看你手中剩下的五种关系。选出对你来说最重要的三种，然后将另外两种跟之前丢掉的两种放在一起。

故事：你的岛屿游轮冒险（续）

"天哪，芝士蛋糕太难找了……也许船员会知道！"想到此，你振奋起来，轻松地走出了洗手间。

你很快就在走廊上看到一个船员。他身穿蓝色制服，头戴水手帽。你觉得他肯定也非常喜欢芝士蛋糕。"喂!"你喊道。

他转过身来。

"请问甜品区在哪里?"

他疑惑地看着你,好像认出你是船上的通缉海报上的人。最后,他耸了耸肩,指了指上方。

"上面?"你有些怀疑。但他毕竟是身穿制服的工作人员,肯定比你熟悉路。

走到船员所指的地方,你发现了一个小的服务舱口。你左顾右盼,发现船员已经不见了。你跳起来抓住悬挂的把手,把它往下拉。

当你开始攀爬梯子时,听到一个粗犷的声音从广播中传来。"请大家注意!请大家注意!我们又有紧急情况了。我们在船舷侧检测到了一起安全事故。请大家保持冷静。我们已经派出了一个小组去调查。"

"哇,好危险的游轮。"你想,"所有的游轮都是这样的吗?"

你继续攀爬。广播里的警报仍在继续。

"很遗憾地通知大家,我们的船员被派去检修卫生系统了。现在,大家都要从自己随身携带的物品中再扔掉一件。"

▶ **步骤⑤　再丢掉一种关系**

看看你手里剩下的三个关系。选出其中对你最重要的两个,将另外一个丢在另一堆里。

故事：你的岛屿游轮冒险（续）

当你爬到最后一级阶梯时,迎面撞上了一个小舱口。你打开舱门走进去,站在厨房中央,周围都是芝士蛋糕。

船员们四处奔走,忙个不停。他们手里拿着一根大水管。"难道是用来做糖霜的吗？"无所谓了,反正你已经找到心心念念的芝士蛋糕了。

你看到离逃生舱口不到一米的桌子上有一块芝士蛋糕。你快速站起来,走到它旁边。

这是你见过的最诱人的淡黄色甜点,看起来就非常可口。你现在还需要一个叉子。

你右侧的一个抽屉上写着"餐具"二字。你兴奋地把它拉开。

然而,你使的劲太大了。有个叉子从里面弹出来,掉入了敞开的舱口。突然……

"请大家注意！请大家注意！我们又遇到了紧急情况。船员报告称,游轮底部发现了一个叉子形状的穿孔,具体情况还在调查中。"

你没有理睬,看着桌上的蛋糕直流口水。你直接用手把它抓了起来,终于品尝到了这来之不易的美食。

"调查报告已完成。我们要求每位乘客再扔掉一件物品。"

▶ 步骤⑥　再丢掉一种关系

看看你剩下的两种关系。现在,选择对你最重要的一种,将另一种放在旁边的那堆里。

▶ 步骤⑦　倒序排列七种关系

拿出另一张纸,从一到七列出你的七种关系。一是你一直保留到最后的关系,六和七是你最先丢掉的关系。

▶ 步骤⑧　回顾你的优先级

回顾一下你的人际关系顺序,看看它们是否按照对你的重要性排序。如果你想交换其中一两个的位置,没有问题。这个游戏的目的是让你对自己人际关系的优先级有一个大致的了解。

让我们简要回顾一下这些步骤:

步骤①　写下你的七种人际关系
步骤②　开始讲故事

步骤③　丢掉两种关系

步骤④　再丢掉两种关系

步骤⑤　再丢掉一种关系

步骤⑥　再丢掉一种关系

步骤⑦　倒序排列七种关系

步骤⑧　回顾你的优先级

　　　　游轮游戏：我们为什么这么做？

　　除非你将某件事与其他事物进行比较，否则很难说这件事有多重要。例如，如果我们问："朋友对你来说有多重要？"你可能会回答："至关重要！"然后，如果我们问："你的家人有多重要？"你可能也会说："至关重要。"毫无疑问，你觉得朋友很重要，家庭也很重要。但是，你如何知道哪个更重要呢？这就要进行比较。

　　将对你最重要的七种关系排序是一个非常复杂的任务，可以有5040种不一样的排序方式。所以，我们采用有趣的游轮游戏来帮大家创建优先级列表。在游戏中一个一个地先后放弃各种关系，你会觉得简单得多。

　　游轮游戏的最终成果是关系排序。当然，这个顺序对每个人的意义是不一样的。对于一些人来说，排序第一的关系比排序第二的关系重要五倍；而对另外一些人来说，排序第一和排序第二的关系差不多，甚至是可以互换的。

这个排序能说明一些问题，不过，人们并不总能保持言行一致。要对此保持警惕。

第 2 部分：注意不一致性

你终于完成了游轮游戏。在把"兄弟姐妹"扔下船后，你哭了。在把你的"室友"扔给鲨鱼后，你笑了。你最终竟然还吃到了芝士蛋糕。你非常确定自己的优先级排序。

回归正常生活后，你觉得很轻松。你照常上课、学习，甚至还参加了一些聚会。

一切都按部就班地进行着，直到周五晚上。你的室友要通宵玩《光环》，而这也是你最爱的电子游戏。

你和朋友约好了周六早上一起吃早餐，所以你想早点睡觉。但是，你一走进宿舍，你的室友就跟你说："嘿！你想玩一局吗？"

"呃，好吧。"你回答道。毕竟，玩十五分钟又有何妨？

时间不知不觉地过去……三个小时里，你一共击杀了 180 个敌人。你终于拒绝了室友"再玩一局"的邀请，一躺到床上就睡着了。

第二天早上,你迟到了,觉得有些对不起朋友。昨晚为什么要和室友一起玩那么久?你在游轮游戏中不是把他排在最后吗?

逐一盘点过去一周以来的时间分配,你越来越觉得愧疚。你把高中同学排在第一位,可你并没有给他们打过电话;你把最好的朋友排在第二位,然而你整个周末都和一些泛泛之交度过;至于家人,或许你给他们发了条短信?你已经不记得了。

时间分配

在游轮游戏中,你确定了优先级。接下来我们看一下,你的时间分配与优先顺序是否相一致。请回顾一下你最近一周的经历,然后计算一下你在每种关系上花费的时间。

小提示:
· 列出每种关系中的具体人物。
· 查看日历,准确了解你的每个时间段都做了什么。如果你不用日历的话,可以查看你跟大家之间的信息或邮件往来。
· 查看"最近的一周"都做了什么,而不要估量"普通的一周"会做什么,因为后者会导致时间安排过于理想化。我们需要的是真实数据。

完成后，寻找不一致之处。也许你把家人排在第一位，但上周你只花了二十分钟和他们聊天。有人在完成这个练习之后发现，虽然自己非常珍视高中朋友，但过去一周没有花一分钟的时间在他们身上。

发现不一致后，不用担心。大多数人会有这种情况。我们需要弄明白，为什么会存在这种不一致性。

也许你需要重新给你的优先级排序。例如，我们发现许多学生将家庭排在他们名单的前列，然而经过追问才发现，实际上他们每周在家人身上只花费十到二十分钟。或许他们在这个人生阶段，就是会跟同龄人关系最紧密。

还有，你可能十分笃定自己的排序，但你的时间分配并没有体现出来。在这种情况下，你可能需要重新分配你的时间。如果你非常重视室友，实际上却很少待在宿舍里，那么，不妨计划接下来的几周多和室友一起行动。

如果你非常重视家庭，但发现自己从不往家里打电话，也许可以培养一个每周给父母和兄弟姐妹打电话的习惯。

值得注意的是，时间只是优先级的衡量标准之一。你还可以比较你送了什么礼物、进行了怎样的谈话或一起吃了多少回午餐。

并非所有时间都是平等的——与你的另一半度过的一个小时可能比与同学一起做项目的五个小时更有意义。话虽如此,时间分配仍是衡量关系的一个很好的起点。虽然如何分配你的时间并无对错之分,但我们认为,由此了解自己最重视的是什么,对你意义重大——这能提醒你去关注你真正在乎的人。

第3部分:重新调整

莫名其妙地跟僵尸大战了一晚上之后,你决定有所改变。你想花更多时间与自己珍视的朋友相处。出于理性考虑,你决定开始跑步。

对于大多数人来说,这二者似乎并没有什么关联。一般情况下,为了减掉五公斤,或者为了备战明年的马拉松,会想要开始跑步。但是,"花更多时间与自己珍视的朋友相处"和跑步好像没什么关系。

而你之所以做出这个决定,是因为你清楚地记得,在过去这一整个学年里,你的朋友派特一直在邀请你一起去跑步,而你总是以各种理由拒绝——你有作业要做,你要准备考试,你那天已经跑过了(你在撒谎)。

但是,如果"跑步"并不是关键呢?或许派特只是想跟你待在一起，跑步只不过是一个契机而已。

于是，你给派特发了一条信息："嘿，我想开始跑步了，这学期咱俩一起跑怎么样？"

派特立刻回复了，就好像他一直在等待你的信息一样。

"好啊！我很愿意！"

紧接着你又发了一条："那么，明天早上8点，你想去慢跑吗？"

你把手机扔到床上。你刚刚做了什么？

手机屏幕又亮了起来，派特回消息了。你感觉好些了。虽然你并不喜欢跑步，但是你喜欢派特。起码你们现在能经常在一起了。

"制度化"承诺

你有哪些不一致之处？无论它们是什么，都要思考为什么会出现这样的情况。在大多数情况下，不一致的原因是我们没有有意识地行动。回想一下开学的第一天，你在教室里四处寻找空座位的情景。当时，你可能并没有太在意座位的重要性。毕竟，下节课开始前就可以换了。

接下来，再回想一下开学的第三周，你走进教室后坐下来的情景。你可能没怎么考虑要坐在哪里。事实上,你可能坐在前一天的同一个位置,而且明天还会坐在那里。

设想一下,你在课外认识了一些同学,很喜欢和他们交谈,其中和一个叫肖恩的同学关于瑞士军刀和瑞士奶酪的讨论感觉尤其棒。然而,在课堂上,你突然意识到,你跟肖恩并没有坐在相邻的座位上。这时你会怎么做?你会去坐到肖恩旁边,还是留在原来的位置?

如果你注意一下,就会发现即使开学才几个星期,你们就已经养成了习惯。虽然学校所有人都没有固定座位,但我们会自觉地每天坐在同一个位置上。我们在日常生活中也是这样。没有人告诉我们该怎么做,但随着时间的推移,我们逐渐形成了习惯。久而久之,要想改变这些习惯就很困难了。

关键是如何有意识地改变自己的行为轨迹。你明白自己应该"花更多时间与自己珍视的朋友相处",但你无法彻底重新安排自己的生活。比如,你不会为了与朋友们待在一起而逃课,你的朋友们也不希望你这样做。不过,问朋友能否早上一起慢跑,就容易多了。

最后,请仔细地回顾一下你的不一致之处,判断什么对你而言是最重要的。对于你看重的人,可以考虑增加你们之间的仪式。请记住,是长期的仪式,而不是一次性活动。如果你只是本周与朋友在一起的时间比较多，而接下来整个学期都很少与对方互动，那么你就没有真正改变。（请回顾第五章《创造仪式》中的内容。）

我们知道，给自己的关系排序是很困难的。有时你会因忽视某人而感到内疚，也有时你会因放弃机会而感到遗憾。但是，如果不明确优先级排序，你就有可能在四年大学生活结束后，后悔自己"一直在跟无关紧要的人待在一起"，那样会更糟。如果你不为自己所爱的人而牺牲，最终你可能就会发现自己所爱的人成了牺牲品。

在哈佛学生兼说唱歌手本·布卢姆斯坦的例子中，我们想说，他在那个晚上得到了他想要的一切。然而，事实并非如此。本放弃了与钱斯见面的机会，无法向他展示自己的专辑，甚至都没能跟制作人谈一谈。相反，本的朋友杰森去了演唱会现场，跟钱斯待了好几个小时，直到凌晨3点，还一起合了影。

本放弃了一个千载难逢的机会，选择了与自己更重视的朋友好好地道别。我们可以预测，如果本去了演唱会，会发生什么，也可以看到他缺席演唱会后，确实发生了什么。他已成为哈佛最受尊重和喜爱的毕业生之一，而他的声誉正来自这种看似不起眼的忠于友谊的行为。大多数人希望自己能做到，却很少有人能够做到。

本之所以能够取得成功，不仅因为他勇于做出艰难的选择，还因为他建立了很多重要的关系，尤其是与导师的关系。本的导师在他最迷茫的时候，给了他指导和指引。接下来的一章，我们将说明好的导师的重要性——有的导师会让你倍感压力，而有的导师会鼓励你面对挑战；有的导师比较保守，只让你做安全的事情，而有的导师会让你多去尝试新的事物；有的导师只是告诉你应该经常仰望星空，而有的导师却能帮你真的触及星星。

第八章

寻找导师

"每个人要想取得成功,都需要前方有人指路,而这个人并不一定是你的家人。对我而言,成功路上的那束光,来自学校和老师。"

——奥普拉·温弗瑞

朱利安娜心跳得很快。她一边向约翰逊教授走去，一边心不在焉地揉着手中的信。

"没问题的……你可以做到的，朱利安娜，只需要再走一步。"她默默为自己打气。

此时此刻，她的脚步变得越来越慢。每走一步，她都忍不住怀疑自己，到底能不能做到。终于，她来到了教室前方。

约翰逊教授放下手中的笔记本，充满期许地看着她。"他还记得我是谁吗？"朱利安娜心想。

约翰逊教授示意她靠近一些。"有什么能帮你的吗？"他疑惑地问。他眯起眼睛，仿佛在试图弄明白她想要什么。

朱利安娜紧张得说不出话，只能点点头，把手中的信放到教授的桌子上。

约翰逊教授更困惑了。他拿起信，轻轻地打开。

看到教授开始读信，朱利安娜更慌了。"他的表情似乎不太对。"她心想，"是生气了吗？"

他的目光在感谢信上移动。一切已成定局。

学习并不是线性的

朱利安娜·加西亚-梅希亚在哈佛大学非常耀眼。她个头高挑，像电视剧女主角一样漂亮。然而，从小她就对周围的赞美目光无动于衷，一心只喜欢天文学。

朱利安娜在哥伦比亚的麦德林长大，从小的梦想就是成为世界顶尖的天文学家。她常常白天埋头苦读物理教科书，晚上仰望星空到深夜。虽然她不是天才，但凭借坚毅的性格，她在这个领域达到了很高的水平。

16岁那年，朱利安娜意识到，要想学到更多，就不能留在哥伦比亚。于是她一个人搬到了美国佛罗里达州的盖恩斯维尔继续上高中。在那里，尽管适应文化冲击消耗了她大量精力，但她还是设法参与了一些会议，并与她的叔叔探讨宇宙的奥秘。

高中毕业时，朱利安娜成功申请进入哈佛大学，这里的哈佛-史密松天体物理中心是世界顶尖的天体物理研究机构，她离梦想又近了一步。然而，一到哈佛，她发现自己难以与教授交流，作为外乡人，感到很孤独。

直到大二，朱利安娜才得知，在6000名哈佛大学生中，她是唯一的拉丁裔天体物理学专业学生。这让她既感到自豪，也感到孤独。同年春天，她选修了约翰·约翰逊教授的天文学课程。约翰逊教授也是天文学界的特例，他是非裔美国人，来自密苏里州，对教学充满热情。

在天文学课程的第一节课上，约翰逊教授站在黑板前，画了一个坐标轴和一条斜向上的线。他说道："大多数学生认为学习是这样的。"随后他擦掉那条线，又画了一条随机上下波动的线，解释说："实际上，学习是这样的。你们有时会觉得自己已经懂得一切，有时又会觉得自己一无所知。这是正常的学习过程。"

朱利安娜牢牢记住了这段话，在学期结束时，她写了张卡片感谢约翰逊教授。教授看完卡片后，询问她暑期的计划。当她提到暑期要上统计学课程时，教授建议她参加班纳克研究所——一个适合对天文学感兴趣的本科生的夏季项目。

朱利安娜决定改变暑期计划，加入了这个项目。在短短的三个月里，她不仅结交了一辈子的朋友，还发现了自己对制造仪器，尤其是制造望远镜的热爱。她说，那是她一生中最美好的夏天。

这个故事展示了关于大学生活的两个重要真理。

首先，教授是掌门人。他们能接触到学生无法触及的资源、知识和网络。教授能改变学生的一生。

其次，我们可以主动和教授建立联系。许多学生抱怨教授"遥不可及"。但是，如我们之前所讨论的，你必须主动出击。一些教授会挑选学生进行指导，不过这样的机会很少。大多数教授和学生的关系从学生主动接触他们开始。然而，学生们往往会找各种理由来避免跟自己的教授接触。

为什么要关注教授？

这个问题的答案似乎是不言自明的。你当然希望和教授们建立良好的关系。而我们需要不断强调的是，所有的关系都是权衡的结果。你的时间是有限的。所以，把时间投入在教授身上就意味着与朋友、家人、恋人共度的时间会减少。

与教授们成为朋友并不容易。通常情况下，他们年纪较大，很忙，与学生有着完全不同的社交圈。你经常能在咖啡馆、图书馆或者各种聚会上偶遇同学、朋友，但教授们一般不会出现在这些场所。你很难请你的德语教授去"喝一杯"。你需要付出额外的努力与教授接触，因此你需要先了解这种关系的价值。朱利安娜梦想着攻读天文学博士学位，但也许你并没有什么梦想，所以你可能不知道教授能给你提供哪些东西。

教授能提供指导。佐治亚大学的莉莲·伊比对173项研究进行元分析，调查了指导的重要性。她发现，接受了教授指导的大学生在学术、职业和心理方面都表现得更好。正如她所论述的，导师通过提供专业支持（介绍潜在的工作机会、直接培训等）以及心理支持（鼓励、无条件地信任等）改变了学生的未来。

伊比称，教授和学生之间的关系是深远和复杂的，目前研究得还很不全面。教授可以为学生提供建设。当学生站在人生的很多十字路口上时，教授作为前辈，可以帮助他们做出那些艰难的决定。与此同时，学生得到了教授的支持，会更有归属感。

大学是人生的一个过渡时期。在成长的过程中，大多数人都可以依赖父母等亲人。而当他们进入大学，就只有少数几个人能帮他们分析问题并提供建议了。遗憾的是，有些学生直到大学毕业，都没有与任何教授建立起联系。虽然并不是所有学生都想要或需要教授的指导，但我们相信，大多数人会从中受益。

大学教授是能提供知识、经验和指导的重要资源。学生们需要导师，而导师也想要帮助学生成长——对许多人来说，这是他们选择成为教授的原因。要与教授建立良好的关系，可不是请他们吃顿饭那么简单。接下来我们就教你一些方法，帮你打破与教授之间的壁垒，与他们成为真正的朋友。

主动出击：跟教授交朋友的五个技巧

在《别独自用餐》一书中，基思·法拉奇解释了他创造的"深度碰撞"的概念。"深度碰撞"指的是遇见一个人时，迅速告诉他你是谁，你们有什么共同之处，然后跟他说，"以后常联系"。关键在于要进行一次简短而有意义的互动。

我们可以通过"深度碰撞"的方式去认识一个教授并邀约一次课后会面。试着在课后十到十五分钟找到他们。如果你在一次讲座中遇到一位教授，请先默默等其他学生与他交谈，然后，当所有人都离开后，再走上前与教授交流，告诉他你对他此次的讲座或之前的研究感兴趣的地方，并将其与你自己的兴趣联系起来。交谈几分钟后，如果发现他今天比较赶时间，可以邀请他几周后喝杯咖啡。他可能会给你电子邮件等联系方式以便日后联系。在接下来的一小时内发送一封电子邮件，给出两到三个可能的会面时间。

记住，即使你不是他的学生，也完全可以通过这种方法去认识你感兴趣的教授。如果他举办大型讲座，可以提前发邮件询问自己是否可以参加。对方通常会答应。之后向教授做自我介绍，并询问可行的课外会面的时间。研究表明，面对面的交流可以比线上交流（如电子邮件或推特）建立更深的连接。

创造仪式：充分利用教授的办公时间

被教授的学术魅力所吸引？记住"纯粹曝光效应"——一个人对某事物看得越多，就越喜欢它。教授的办公时间（教授专门预留出来与学生交谈的时间）就是你实践这个原则的机会。他们通常就像大一新生一样坐在办公室里，希望有人来找他们交流。你可以成为这个人。

当你第一次去见教授时，要注意一些细节。大多数教授会在课程大纲上公布他们的空闲时间。在不用批阅作业或准备考试时，他们通常是空闲的。提前准备好几个问题，可以是关于课程、作业或者如何准备考试的。一定要自我介绍，说明你的兴趣以及你为什么选择这门课程。

如果你觉得这种交流方式很好，不妨将其作为一个固定仪式。正如我们在《创造仪式》那一章探讨的，要想与一个人建立长久和深远的关系，就要多花费时间在他身上。刚开始的时候，尽量在教授的办公时间与之接触，这样他会更自在。等你们渐渐熟悉后，你就可以在非办公时间里与你的教授一起做一件事——可以每个月一起吃顿午餐，也可以每两周聊一次天。

拥抱脆弱：寻求教授的建议

运用了第一项灰姑娘技能——主动去见一个教授或导师之后，你该说些什么呢？你可以提出一个与他们专业相关的问题，然后询问他们的建议。例如，如果你正在学习宏观经济学，可以根据新闻报道询问当前的经济趋势。教授们很愿意帮助学生，尤其是当学生的问题与他们的专业领域相关时。解答完你的问题后，他们会更关心你未来的发展。

许多人不愿意寻求建议，因为他们担心这会让他们看起来无能。然而，哈佛商学院的艾莉森·布鲁克斯的研究表明，事实恰恰相反。人们通常很喜欢别人来问自己专业领域内的问题，他们不仅会认为提问者更有能力，而且会更喜欢这个人。他们会有被尊重的感觉，对提问者的评价也会提高。

与教授见面时，寻求建议尤其重要，因为你真的需要他们的帮助。他们是你正在学习的领域里的专家，并且作为老师，他们很懂学生。他们给出的建议往往更有针对性。

认真倾听：执行与反馈

对话的第一步永远是倾听。正如哈佛大学的神经学家所发现的，谈论自己时所激发的大脑活动与吃东西或发生性行为时所激发的差不多。所以，向你的教授提问，并确保自己充分理解了他们的回答。

然而，对于导师来说，仅仅倾听是不够的。你必须展示出你已经按照他们的建议执行了。在一个对呼叫中心员工展开的研究中，沃顿商学院教授亚当·格兰特得出结论：当员工知道他们如何影响了他人的生活时，会在工作中表现得更好。教学工作者的使命就是对你的人生产生影响，不过这种影响往往很难评估，而如果你践行了他们的建议，就表明你是真的认同他们。

在倾听并实施教授的建议后，给他们发信息，告诉他们后续进展，并感谢他们为了帮助你所花费的时间（毕竟他们都很忙）。就像朱利安娜那样，用一张手写的卡片来表达你的感激之情。平均每七周，一个美国家庭才会收到一封手写信。通过写信，你既能表达自己的感激之情，又能让教授印象深刻。

经常给予：成为教授的助手

听到要帮助教授，一开始你可能觉得违背常理。学生能帮教授做什么呢？难道不应该是反过来吗？不要陷入这个思维误区。这个世界上的所有人都是需要别人帮助的。

许多教授需要有人来帮他们一起做研究。成为他们的助手，你自然就能与他们频繁互动了。更重要的是，你帮助了他们，他们也会想办法帮助你。从参与班纳克研究所的项目开始，朱利安娜就开始为她的教授工作。教授对她越来越熟悉、信赖，便将更多的事情交给她去做。在她大三的那一年，教授要求她接管位于国家另一端的一个望远镜项目，她很开心地接受了这份工作，每个月都从马萨诸塞州飞到亚利桑那州，负责往山上的一架大望远镜中安装碘电池。她因此发现了新的系外行星，天体物理学家的梦想正在逐渐成为现实。

即便你对研究不感兴趣，不想当助手，你仍然可以给予。对你来说很容易的一些事情——比如在校园里举办活动或接触其他学生，对教授来说可能很困难。如果他们正在寻找进行心理学研究的学生，你可以根据本科生电子邮箱信息表来帮他们发送邀请邮件。如果他们需要编程方面的帮助，你可以联系自己学习计算机的朋友。作为一名学生，你有机会接触到教授们无法获取的独特信息和网络，要学会利用它们。你的教授会感激你的帮助，你们的关系会因此更近一步。

优先级排序：如何选择正确的导师？

你已经看到了如何通过主动出击、认真倾听、拥抱脆弱、经常给予、创造仪式来和教授建立关系。如果关系发展得好，你的教授可能会成为你的终身导师。实习时的领导、家人、朋友，甚至是比你年长的学生，也可能成为你的导师。无论他们多大年纪，从事什么样的职业，一个好的导师都是无价之宝。你帮助他们工作，而他们帮助你成长。

但是，如你所知，并非所有导师都是完美的。回忆一下你在高中最喜欢的老师，想一想，你班上的每个同学都跟你有同样的感觉吗？毋庸置疑，每个人都会有更适合自己的师生关系。

为了和导师顺利建立关系，你需要找对人。研究人员已经证明，与导师关系良好会帮助你取得成功，而与导师关系糟糕有可能导致你一败涂地。换句话说，如果没有合适的导师，那还不如没有导师。

那么，你该如何选择正确的导师呢？经过深入研究得知，至少有三个因素需要考虑。

像挑选爱人一样挑选导师

想象一下，你是一名新生，去教室里上第一节课。教授是一位爱笑、微胖的拉丁裔男性。他站在教室的前方，大声地招呼学生们进来。讲课时，他露出了大大的笑容。

你仔细地打量着他:"他有可能成为我的导师吗?"

你上的第二节课相对安静。一个高大的中国女人站在讲台上。她要求每个人在一张纸上写下自己的名字、最喜欢的食物和最喜欢的电影,然后交上来。

你盯着你在纸上写下的电影名。她会认为《荒岛余生》是部好电影吗?你又看看前方的教授。也许她就是你的导师。

你上的第三节课以一声巨响开始。教授站在一小烧瓶的冒烟液体旁边。他挥手示意你走进去。他戴着安全镜,黑色鬈发不时扫过他的镜片。他一开口,你就被他的声音吸引住了。

"他的口音很好听。"你想,"那是法语吗?"

这次你终于确定,他将是你未来四年的导师。

当我们寻找教授、导师时,我们的决策过程可能是随意的。我们通常会寻找表面上的相似之处。正如朱利安娜所描述的,"和一个完全不像你的人交流是很困难的"。但不幸的是,这种方式无法帮你找到适合自己的导师。多位研究者发现,导师与学生的合拍程度与其性别或种族没有任何关系。

上面的例子中呈现了三位看起来很有意思的教授,但并没有

图 9

提供什么关键信息,所以我们还无法做出决定。

如果有可爱的法国口音还不够,那么大学生应该注意导师的哪些特征呢?我们认为,最重要的三个特征是具有相似的核心价值观、具有相似的工作兴趣和领域以及比较慷慨。

特征 1:具有相似的核心价值观

多项研究表明,态度、个性和道德的相似性比导师的威望、研究领域的相似性等因素的影响更大,更有助于学生和导师建立成功的关系。学生和导师具有相似的核心价值观,更有助于双方在心理上和实际行动中互相支持,建立更健康的关系。

虽然找到和自己种族或性别相似的导师更容易,但表面上的共性并不能指引关系走向成功。导师也想帮助看起来和自己相似的学生。结果,他们不得不投入更多时间、更多努力,并为这些学生的成功承担更大的风险。因此,请你千万不要陷入这个误区。寻找导师时,首先考虑一下他是不是你能够深度连接和共情的人。拥有多大的权力、多广的人脉或长得多像都无法替代这个基本特征。

特征 2：具有相似的工作兴趣和领域

如果你对导师的诉求"更实际"（比如，希望对方指导你的学习、给你提供就业建议等），那么你应该寻找有相似背景的人。正如伊比在她对学生与导师关系的元分析中所指出的，"在教育背景、所在院系或功能领域上与学生相似的导师，更能够提供适当的技术指导，引荐学生参加相关社交活动，为学生推荐实习机会"。

需要注意的是，这并不意味着擅长其他领域的导师毫无用处。他们可以提供情感支持和指导。不过，如果有两位不同领域的导师可供选择，那就选择你更感兴趣的那个领域的导师。

特征 3：比较慷慨

正如我们在《经常给予》那一章中讨论的，人们有不同的给予风格。教授们也是如此。有些人是给予者，喜欢帮助学生，而不考虑自己。有些人是互利者，喜欢帮助那些曾经帮助过自己的（或者他们特别喜欢的）学生。有些人是索取者，很少帮助学生，除非是为了推动自己的事业。

正如亚当·格兰特在他的《沃顿商学院最受欢迎的成功课》一书中所解释的，给予者往往能使自己社交网络中的每个人都变得更有价值。因此，你要多方询问，尽量了解每个导师的给予风格。对于以慷慨著称的导师，你可以主动亲近他们并以他们为榜样；而对于以索取著称的导师，你还是远离为妙。

我们在选择导师时常常感到无力。毕竟，能找到任何一个愿意当我们导师的人似乎都已经应该谢天谢地了。但是，正如我们之前所讨论的，拥有一个糟糕的导师，还不如没有导师。要想拥有成功的师生关系，你就要自己努力去寻找具有上面几个特征的导师。

朱利安娜在加入班纳克研究所之前，也曾感到困惑、孤独。那时她既没有主动接触教授，也对自己研究的东西提不起兴趣。她很无助。

然而，与导师还有其他同学共度一个夏天后，她的想法变了。她发现了跟她一样的同学，意识到自己并不是一个人。更重要的是，她愿意主动接触任何教授了。朱利安娜向一位教授迈出了第一步，在一封小小的手写信中表达了自己的感激之情。她的生活因此得到了极大的改善。她在上学期间做研究，走遍美国向少数族裔宣传天文学，并且找到了自己未来人生中的多位榜样和导师。教授也是人。要主动去接触他们，敞开心扉，让他们知道，你很在乎他们。

特别分享

如何找到你生命中的贵人？

李奕

1

我第一次写公众号文章是在十年前。2014年7月，我在"奴隶社会"公众号上发表了《如何找到你生命中的贵人》这篇文章。

那时我还在读大二，暑假在香港的一家银行实习。一个偶然的机会，我关注了"奴隶社会"这个当时刚开的公众号，加入了华章哥的传播力写作群，研究什么样的文章更容易在社交网络上传播。（如今回头看，这可谓当下付费写作群的元老了！）当时的我也很喜欢阅读干货，就试着写了这篇文章，分享了自己在大学里的一些故事。

当时的我还没开自己的公众号，而且我在美国上学，很久都没有用中文写作了。但在这个机缘巧合之下，我提起了笔，发现自己至少还能做到通顺地写作，而且肚子里也有一些可以分享的故事和干货。

因为发表过这篇文章，我一直和华章哥保持联系，也在"奴隶社会"的公众号上读了许多一诺姐写的关于咨询面试的文章。

2015年秋天，我收到了麦肯锡纽约办公室的入职邀请。给华章哥报喜的时候，他说："恭喜啊，一诺让你写篇文章分享下。"于是我就写了《留学美国这四年》，发表在当时已经成为"大号"的"奴隶社会"上。在文章的最后，我还宣传了一下自己刚刚申请注册、还没发表过文章的公众号"李奕在哪儿"。结果文章发出来之后，我一觉醒来，发现我的公众号居然有了两千多个关注者！这转化率，即使放在今天也是很惊人的了。

就这样，我自己的公众号"开张"了，我也不知不觉写了七年。三年前，我离开麦肯锡，加入创业公司，写的《五年三大洲，从麦肯锡毕业去种田》也发表在了"奴隶社会"上。

一诺姐的新书《力量从哪里来》出版时，她邀请我试读，还在书里分享了我的故事。直到现在都有新的关注者这样给我留言："我是看了一诺的书之后找过来的。"

2

之所以要先讲这样一个故事，是因为它很符合这一章的主题：如果没有华章哥和一诺姐这两位贵人，我可能不会开始中文写作，不会有公众号，甚至不会加入麦肯锡。而这一切的源头，只是实习期间无聊的我，无意间加了一个微信群而已。

十年后的我，生命中有了更多需要感谢的贵人；而随着我自己的成长，我也渐渐有机会成为别人的贵人，可以帮助别人抓住生命中的机遇。于是有了这篇十年后的更新版。

开始尝试，就完成了一件事的 90%

我估计大部分人不敢尝试，抱有的心态都是"我凭什么去做"。以前的我会说："你要证明自己的价值，多想想你能为他人提供什么。"这个观点我依然认同，不过，现在我可以再补充一些内容。

我曾经问过我认为最擅长建立关系网的文理，他的秘诀是什么。他当时对我说的第一句话就是："实际上，开始尝试，就完成了一件事的 90%。"如果没有主动出击的第一步，后面就什么都不会有。

去年暑假，我招了五个实习生，前三个都是自己主动找上门来的。我甚至没有发过任何要招实习生的通知，就收到了这样的微信：

> 李奕学姐好！我叫禹鸥，是哥大（哥伦比亚大学）大四学生，主修数学和历史。我从高中起就关注了你的公众号，没想到一转眼我都快大学毕业了！

学姐每次分享的文章都让我受益匪浅。这段时间看到学姐在肯尼亚做的项目，觉得太有意思了，哈哈，不知道考不考虑招暑假的实习生呢？

当时是 3 月份，我还没有招实习生的想法，于是直接告诉她，我暂时不考虑没有工作经验的同学。

结果 4 月份她又发来信息：

学姐好，不好意思又打扰了，希望现在肯尼亚时间没有特别晚。上次向你询问有没有实习生机会，得知需要工作经验。这段时间想了想，觉得自己对 FarmWorks（农业科技）做的事情还是非常感兴趣，想再争取一下机会。不知道 FarmWorks 愿不愿意招志愿者呢？让我做什么都可以。不需要和商业有关，只要是 FarmWorks 的需求，哪怕是在田里摘西红柿我都很愿意，哈哈！

上次没有好好地介绍自己。这次简单写了一下自己对 FarmWorks 感兴趣的原因，因为有点长，所以放在了这个文件里，里面也附上了我的简历。如果学姐有空，并觉得可以招一个志愿者的话，希望学姐可以过目。抱歉打扰，想再争取一下机会！

我当时就觉得，哇，这个小姑娘很认真，又很能坚持，就回复说我会看一下她的资料再考虑。结果因为我很忙，过了几天都没有回复她。于是，她再次跟进：

学姐好，我只是想跟进一下，你考虑得怎么样了。如果学姐觉得缺人手，我最近都可以电话聊聊！

当时，我们的财务部门刚好缺人手，就招了她过来。（除了禹鸥之外，另外两个姑娘也都是主动给我发了真诚的自我介绍，说了为什么想来工作，然后得到了实习机会。）

我觉得在这个过程中，禹鸥做得最棒的一点就是，她一直在以一种不让人觉得被冒犯的方式不断进行新的尝试。说实话，换作大学时期的我，可能被拒绝第一次之后就不会尝试了，或者如果对方没有回复，我就会假设对方拒绝我了。这是一种特别普遍的心理。

但实际上，作为收到需求的人，我现在可以负责任地说，我并不介意大家跟进情况。很多时候我都是忙忘了，而不是不想回复。所以我现在去约别人，也会多发几次我的信息，确保对方有机会看到。即便对方真的不回复，我也不会损失什么，更不用觉得丢了面子。

后来禹鸥来实习的时候，我们都开玩笑说她是"社交达人"，和谁都能聊得来。其实，她有点让我想起当年那个坐趟机场大巴都能跟邻座搭讪的自己。她说这是在美国读高中的时候练出来的，因为你得主动，才能在美国的社交环境中生存下去。主动的心态就是不要想太多。要勇于尝试，主动发起对话！

证明你的价值

这也是老生常谈的"你可以提供什么"，其实是比较难做的。我过去给的建议是比较显性的，就是说说你可以免费干什么活，或者投其所好，分享一些自己的兴趣爱好等等。

几年前和文理聊师生关系这个话题的时候，他启发了我新的思考。他说："导师在你身上看到了自己，他们想成为你未来的一部分。"

我当时的想法是，"哇哦，这真是太高阶了"。我来分解一下这句话。

前半句说"导师在你身上看到了自己"，这个自己大概率指的是年轻时的导师。如果导师能在你身上看到自己年轻时拥有的品质，觉得你们是价值观相同、理想相似的人，那他绝对更愿意帮助你。还有很重要的一点是，要把导师当作朋友来相处，因为朋友肯定是有共同点的，而且你要不卑不亢，把对方捧上神坛其实无法真正拉近你们的距离。让导师意识到你们之间的共同点，才是创造连接的最佳方式。

后半句说"他们想成为你未来的一部分"，是因为他们相信你的未来会很光明。这点其实有点像创业公司出去拉投资人，愿意给钱的人，肯定是看好公司前景的。同理，导师要在你身上投入时间，他首先必须是看好你的。从这个层面上来讲，有清晰目标的人（虽然我自己在很长时间里不是这样的人）其实会更有吸引力。比如当年文理的目标就是去读博士然后当教授，最后当大学校长，他非常愿意跟别人分享自己的理想，总能引发别人对他的热情，得到别人的支持。虽然后来他没读完博士就快乐地创业了（可见人生目标变化的可能性极大），但至少他用曾经的目标加上自己的实力（没有实力肯定不行，人家也不傻）赢得了许多贵人的帮助。

这句话包含的两点非常高阶，从某种意义上来说，这样的情况是"可遇而不可求"的，但我们依然可以设计和思考。其实你希望找到的贵人，大概率是需要认同你的价值观和前景的，不然对方也没办法提供很大的价值——他们提供的更有可能是你无法复制的成功路径。

时机

"时机"这个词，既有随机性，也有可安排性。

随机性在于你不知道在你开始尝试的时候，对方的状态是怎样的：是刚好非常忙，还是超级有空？比如禹鸥3月份第一次给我发信息的时候，我确实没想招实习生，就拒绝了。但是她4月份再次问我时，我刚好需要人，于是答案就变了。

正因为时机你不可知，更不可控，才要不吝于跟进情况，这样没准哪次就会撞到合适的时机上。

至于时机的可安排性，是从你的角度出发，其实有一些时机是"更适合"去提问和寻求帮助的。比如说，我刚进麦肯锡的时候就有一个合伙人建议我，可以趁着我还是"新人"多多发邮件约时间与同事交谈，因为这时候我可以很自然地说"我刚来公司，有很多东西需要跟您讨教"，但如果过了大半年我还这么说，就不合适了。

当然，不是新人了依然可以给自己创造很多机会，比如"我要换部门了，想听听您的建议""我最近在考虑下一步的职场规则，想听听过来人的想法"等等，这些都是可以利用的时机。

文理分享过他的一个诀窍。旅行的时候，如果刚好要去一个导师所在的城市，他会提前一个月就发信息，说明自己在那里只待几天，想要约导师见面。（让别人觉得你的时间很宝贵，你会更容易约到人。）

还有一种时机。我和文理讨论的时候，发现了一个有意思的现象：刚刚退休的人往往是最好的导师。因为他们时间更充裕，而且也愿意花时间跟年轻人相处，甚至会主动约你出去（我就有几个这样的导师）。而工作非常繁忙的职场人士确实没有太多空余时间。如果你还是大学生，可以去找找学校里刚退休的那些老教授，大概率会有很大的收获！

怎么保持联系？

说实话，这是我自己做得非常不好的一点。我写下这些干货，也是为了提醒我自己去做。有时候不是拥有知识就够了，知和行之间有一条鸿沟。

理论上最好的办法可能是定期给每个联系人发一些个性化信息，比如给他们送上生日祝福等等。但说实话，这对我来说太难了，以我对自己的了解，大概率做不到。

我看到过的比较好的一种方式是定期给大家发邮件，分享一些动态，这样即使是一段时间不联系的人，也可以保持一个"弱联系关系"。我上一次这么做还是在2019年跨年时。当时我确实收到了很多超级棒的回复。2022年年底，我又写了年终总结群发，效果还是非常好！

最近我还听说了更简单的一招：给大家发自己的多张自拍照！听起来很搞笑，对不对？不过，配的文字非常重要。这个建议来自一个非常成功的大学筹资人。专门做投资的人绝对是社交高手中的高手，而且往往有一个超级长的联系人清单。他的方法就是在旅行的时候，发自拍给老朋友们，并配上一句"在某处想起了你"。通常情况下，发送人所说的这个地方要跟接收人有些关系。或者，在遇到共同好友的时候，一起自拍，发给不在现场的朋友，配文"遇到了某某某，就想起了你"。（这一招我最近也尝试了，效果非常好。）简单快速，毫无压力，想出这个方法的人真是天才！

附：《如何找到你生命中的贵人？》

你身边可能有这样的人，他们似乎总有贵人和牛人相助，一阵子没联系，就发现他们又站到了更高的平台上，开始做更牛的事了。你有没有想过：除了运气，其中到底有什么门道可寻？难道贵人真的都是天上掉下来的吗？今天我们就从沟通方式说起，聊一聊怎么主动出击，让比你牛的人帮你。

大概是去年10月的某一天，我在学校里撞上了V女士。在来美国之前，我就在学校在上海举办的新生欢迎会上见过她，当时并未怎么交谈。后来得知她负责学校在亚洲及硅谷地区的校友关系，手上有许多了不得的大牌校友资源，她的工作每年为我们学校带来价值不菲的校友捐赠，于是心中多了一丝敬佩和惊叹，"原来学校还有人专门做这个"。她每个月都在亚洲和加州之间做空中飞人，在学校里倒也碰不上几面，偶尔见到，虽会热情地打声招呼，却从未有过深聊。

不过 V 女士毕竟是在我来美国前第一个见到的代表我们学校的人，所以即使她对我没什么印象，我还是觉得她很亲切。于是这次看到她，我便主动与她分享了我刚刚当选年级学生会主席的好消息。一贯热情的她激动地恭喜了我，甚至还邀请我找时间和她一起喝杯下午茶好好聊一聊。这是我以往没领受过的好意，受宠若惊的我立马答应了下来。

晚饭时我见到了好友 M。M 是马来西亚人，比我高一级，跟 V 女士早就相当熟络。于是我开心地告诉他，V 女士也找我聊天啦。我由衷赞美道："她人真是太好了，跟每个学生都这么愿意交流！"M 听我这么一说倒笑了："她和人聊天，也是有选择性的！她愿意跟你聊，自然是觉得你有出色的地方，看重你的潜力。你也没看她在大街上抓一个学生就聊不是？你一定是做对了什么。"这话让我一惊，因为我只当 V 女士今天心情好，所以愿意当我送上门来的贵人，没想到我竟在无意中造就了自己的命运？回想起来，我确实主动告诉了她我竞选成功的消息。她和中国学生及家长经常打交道，知道积极参与学生活动的中国学生并不多，很可能因此在我身上找到了一丝与众不同？M 的话让我突然明白，原来贵人真的未必是天上掉下来的。生活中多一点主动出击，贵人自然会送上门来。

之后的大半年里，我亲身实践了"找贵人"的理论，从学校校友到亲人朋友再到机场和网络上的陌生人，这理论还真没让我失望过。从创造机会到把握机会，寻找贵人的路不简单，但确实带我走到了很远的地方。这篇文章就从创造机会写起，希望可以帮你也找到生命中的贵人。

1. 查

适用情况：和对方算不上熟人（甚至还是陌生人），或者还未确定"贵人"人选时（如想进入某行业，但还未摸清行业情况和领军人物）。

利器：领英、谷歌、熟人网络

①和对方不熟，就先找找有没有熟悉的人可以介绍你们认识（可见平日积累人脉的重要性）。

②不清楚对方的生平情况，赶紧上他们的领英主页好好研究。

他们学历如何？在哪些公司工作过？同事和伙伴如何评价他们？领英刚刚正式进入中国大陆，想必未来会有更多人用，查找信息也会更加方便。除此之外，如果真是名人，说不定还能找到相关专访之类的。总之，要尽可能了解这个人有血有肉的样子，试着推测一下对方的性格和做事方式。

③对行业还不了解，赶紧用搜索引擎和各种网站搜起来呀！

2. 问

①为什么你想和他交流？是他金光闪闪的人生吸引了你，还是他的某次经历特别有趣？你只想单纯聊天收获智慧，还是需要某项具体的帮助？

②他是一个什么样的人？长辈还是平辈？高贵冷峻还是轻松和蔼？工作异常繁忙还是时间自由？这时候前面查的功课就有用了！这一步是为后续的邀请和沟通做铺垫。

③你可以给他带来什么，即"如何不做伸手党"？很多人觉得在大牛面前，自己的价值微乎其微，这就错啦！假如是微博、微信公众号上的大牛，他最近有没有提出什么问题，你正好有相关的信息？即使你唯一能给的就是感激之情，如何最好地表达出来？你有没有任何特长、人脉、经历是他可能感兴趣的？很多人与人交流时从不考虑这些问题，其实稍加思考，就会发现你的价值相当多！

3. 邀

①邀请方式：如果是有机会见到的人（如同事、朋友），最好的方式当然是面对面交谈，大部分人都无法拒绝对方当面提出的请求！如果只能通过网络平台，应该用邮件、领英信息、微信，还是微博私信？（这就要靠你之前做的功课了。他用什么最多？你最容易得到他的哪种联系方式？）信息内容是长还是短，严肃还是幽默？（还是跟事前做的功课有关，如果他是个大忙人，你可不要发好长一段信息；如果他以幽默著称，那信息风趣轻松一点也无妨。）

②找共同点：如果你们是校友、老乡，都是创业者，都热爱写作，或者在大学里曾加入过同一个稀奇古怪的社团，那成功的可能性就高多了！换成你自己，是不是也更可能帮助那些和自己相似的人？

③真诚有礼貌：话语间是否真诚是一件很容易感觉到的事，如果你真的做了我前面讲的那些功课，那真诚以待应该不是问题！同时要表达你愿意接受对方方便的时间和地点，而且，即使被拒绝，也仍要怀揣谢意！

想知道创造出了与贵人交流的机会后，如何好好把握？又要怎么做才能把这股"贵气"在生活中保持下去？且听下回分解！

第九章

约会和爱情

"只想寻找完美的恋人,而不愿努力创造完美的爱,是在虚度光阴。"

——汤姆·罗宾斯
(Tom Robbins)

"你要知道,你不可能两个都要!"珍妮大声说。

"没错,"蒂姆插嘴道,"选一个。"

啊,选择,你的致命敌人。你两个最好的朋友一起瞪着你也毫无助益。的确,你跟那两个人都在暧昧。但是,那又如何?你多花一些时间好好考虑怎么了?世界又不会因此而毁灭。

珍妮抓住你的手:"如果你无法抉择,那我帮你选一个。"

你咽了口唾沫。你怎么可能在两个有好感的人之间做出选择呢?而且,珍妮怎么力气这么大?你的手都被她捏疼了。

"好吧,我选!"说完,你拿起两张照片,端详着两个让你苦恼多日的人。

第一张是谢丽。哦,你喜欢谢丽。谢丽精致而不做作,甜而不腻。你愿意和谢丽一起去听音乐会,一起去喝咖啡,甚至只是晚上一起在家看电影。你愿意陪她去任何地方,做任何事。看着谢丽的时候,你的目光都变温柔了。

珍妮又使劲捏了你一下,催促你看第二张照片。

第二张是纽雅。你的家人一直都非常喜欢她。如果是刚刚高中毕业的时候，你会选纽雅。你们来自同一个地方，彼此知根知底，家人会更支持，而且更重要的是——她很富裕！但是，这是你的人生，难道你只看家人的喜好吗？

你的左小指被握得慢慢失去了血色。

"好吧，我决定了。"你放下两张照片。

"我想要樱桃芝士蛋糕。"你告诉服务员。

服务员已经等得不耐烦了，潦草地记下你点的餐品。他看向珍妮和蒂姆，示意他们也赶紧点单。他俩也决定吃芝士蛋糕。

现场陷入了尴尬。最后，蒂姆说了一件自己约会的事情，打破了沉默。

昨晚，他参加了一个田径队的晚间社交活动，享用着免费的美味茶点。他心情愉悦，鼓起勇气走向英文文学课上的暗恋对象。聊着聊着，他们"勾搭"起来。

"勾搭？"你问。你的确不明白，没有人真正知道这个词具体指的是什么。蒂姆和那个女孩到底做了什么？他们亲吻了吗？他们制订约会计划了吗？他们还做了什么吗？无论具体情况如何，蒂姆看起来并不开心。

整个"勾搭"过程耗费了蒂姆六个小时——从晚上8点到凌晨2点。他疲惫不堪，宿醉，而且一早醒来，那个女孩就发信息告诉他，她对"建立认真的恋爱关系"不感兴趣。蒂姆抱怨说，如果他有女朋友，他的人生就完整了。

寻找满意的另一半

有 60% 到 80% 的学生表示,他们在大学时期有过某种"勾搭"经历。然而,63% 的男性和 83% 的女性表示,他们更倾向于传统的恋爱关系。为什么愿望和现实之间存在这种不一致?你该如何改变这种状况呢?

蒂姆当然会渴望恋爱。稳定的亲密关系是大学生活的重要部分,它可以让你获得稳定的生活节奏和足够的情感支持,还可以给你一个看爱情片《恋恋笔记本》的理由。

然而,蒂姆太渴望谈恋爱了,这使他处于危险境地。他好像总是为了谈恋爱而谈恋爱,始终无法建立令自己满意的恋爱关系。

身份(Identities)时装秀在哈佛校园声名远扬,它的学生负责人对于谈恋爱时的妥协态度做了一个比喻:"不要因为打折而买一件并不合身的衣服。把你的钱攒起来,等找到完美的物品再买。不要将就。约会也是同样的道理。"大学恋爱前期,在情感和物质上的投入都很大。除非你对追求的人很有信心,否则不要轻易承担这些成本。

然而,过于执拗可能和轻易妥协一样糟糕。如果蒂姆从不接近任何人,他就会错过所有的爱情机会。为了避开这个陷阱,他需要接触他通常不会接触的人——不仅仅是一起上课的可爱女孩。当他与更多的潜在伴侣互动时,找到那个完美的人的机会就会增加。

那么,该如何认识新的人呢?答案可能会让你惊讶:打电子游戏、假装弹吉他以及理解陌生人和朋友之间的区别。

主动出击:《摇滚乐队》是如何打破障碍的

2015年,麦吉尔大学的杰夫·莫吉尔教授想要理解为什么人们会对一些人产生同理心,而对其他人却不会。他特别感兴趣的是人们是否对陌生人和朋友有不同的情感反应。为了研究这种差异,他决定做一项冰桶测试。

在第一种情况下,莫吉尔让大学生和朋友一起来到他的实验室。他要求参与者在朋友的注视下,把手放入冰桶中30秒。30秒过后,参与者按一到十的等级评估自己的疼痛程度。接下来他们等待几分钟(大概是为了恢复正常体温)。然后研究人员要求参与者和朋友同时把手放入冰桶中，同样是放 30 秒。这次参与者可以看到朋友的痛苦反应。

在第二种情况下，莫吉尔让大学生单独来到他的实验室。这次，他把大学生和一个陌生人配对。和之前类似，参与者在陌生人的注视下，把右手放入冰桶中。然后，短暂地休息一下，再让参与者和陌生人一起把手放入冰桶中。同样，参与者可以看到陌生人的不适表情。

在这两种情况下，参与者都把自己的手放入同一个冰桶中，所以他们应该感到同等程度的痛苦，对吗？

错。

当一个人看到自己的朋友经历同样的痛楚时，他会感到更痛苦。同理心使参与者们能够感受到自己的朋友正在经历折磨。即使他们的手的位置没有改变，他们的心理反应也发生了改变。当我们与某人较为亲近时，我们会感受到他们的情绪。

有趣的是，跟陌生人一起把手放入冰桶后，参与者的疼痛程度没有变化。这个发现使研究者感到困惑：是什么让我们共情我们的朋友，而对陌生人似乎一点也不在意呢？研究人员查看调查结果时发现，参与者在两种情况下的压力水平是不一样的。

想象一下，你走进一个都是陌生人的聚会。如果你有点焦虑，那是正常的。事实上，几乎每个人都会有这种反应。当我们和新人交往时，我们的皮质醇水平——一种与压力有关的激素——往往会上升。

压力妨碍了人们共情陌生人。得出这一结论之后，研究人员提出了一个后续问题：他们是否可以通过某种方式，把参与者面对陌生人时的压力降低到和朋友在一起时的水平？

于是，他们又设计了第三种情况：还是让参与者和陌生人配对，但在进行冰桶实验之前，让参与者和陌生人一起玩15分钟的《摇滚乐队》。这是一款视频游戏，玩家使用模拟乐器来演奏一首歌。这个游戏非常有趣，既能促使大家合作，又能增加人们在音乐上的自信。

令人惊讶的是，研究成员发现，在玩了仅仅15分钟的《摇滚乐队》之后，参与者对陌生人的共情程度与他们对大学朋友的共情程度就一样了。十多分钟的互动就降低了此前实验中所带来的压力水平。

在生活中，你觉得某人很可爱，然而接近这个人是很困难的。不仅是你对与陌生人交谈感到有压力，对方也会在遇到陌生人时压力变大。但是，《摇滚乐队》的实验应该给你带来了希望：只要你能跨越与陌生人交谈的第一道障碍，你们就能快速地熟络起来。

在大学里接触人没有什么秘诀。最有效的策略就是像蒂姆那样，简单地打个招呼，告诉对方你的名字，然后开始一场对话。

如果你们来自同一所学校,那么初期可聊的内容会很多;如果你们来自不同的学校,那就聊聊你最喜欢的音乐、你去过的地方、你平时的娱乐活动等等。只要你勇敢地迈出了第一步,后边的事情就容易多了。

约会游戏

大家一起聊天的时候,如果有一个人开始抱怨,其他人通常也会跟着抱怨起来。当你开始大口喝饮料时,珍妮开始抱怨了。她已经和一个男生约会两年了,她拥有蒂姆渴望得到的——一个忠诚的伴侣,但是,像蒂姆一样,她并不快乐。

珍妮感觉她的恋情陷入了困境。从表面上看,他们似乎"非常相爱"。他们都喜欢物理学。他们会穿情侣睡衣。他们甚至会共用一张星巴克的星礼卡。如果这都不算爱,那什么能算爱呢?

不幸的是,这段恋情已经很长时间没有任何进展了。当然,他们有过"热恋期",在那个阶段,她会焦急不安地等待他的信息。他们甚至有过"恋爱舒适期",在那个阶段,他们会坦诚地谈论身体机能。现在,他们处在"恋爱平淡期"。他们最后一次浪漫互动,还是在几个月前的情人节。她讨厌这种无聊的恋爱状态,但她不想先行动。她觉得男生应该主动一些。

寻找满意的另一半

1 主动出击
打个招呼,开启对话

2 拥抱脆弱
彼此坦诚,实话实说

3 认真倾听
花时间拥抱与提问

4 创造仪式
为亲密关系做规划

5 经常给予
特殊日子制造惊喜

图 10

拥抱脆弱：无期待的爱

"谁在乎的少，谁就赢了"这一口号有些过于深入人心了。你可能会向朋友吹嘘，你在考试前一晚才开始学习。有人为了赢过你，说自己考试的时候迟到了十分钟。更有甚者，说自己是喝醉之后去参加考试的。

恋爱也是如此。人们会通过文字和语气来极力表现自己不在意。即使是忠诚的情侣，也会努力控制自己，不能表现得太需要对方。不幸的是，这是一个恶性循环：你表现得越不感兴趣，就越会觉得这段关系令人乏味。

在恋爱方面，你要学会迈出第一步。如果你认为某人很可爱，就主动和他说话；如果你已经开始和他约会并想要确定关系，那就直接告诉他；如果你像珍妮一样对于长期关系的某些方面有顾虑，就果断地提出来。你要在恋爱中争取主动权，这样日后你们之间出现问题的时候，也会更容易沟通。

这种沟通需要彼此坦诚。遗憾的是，当涉及约会和恋爱时，人们通常更愿意撒谎。根据"为了成功约会而撒谎"的相关研究，人们更可能"故意伪装自己，从而在恋人面前显得更有吸引力"。他们不仅愿意在模糊的情绪特征上撒谎，而且"更愿意在外貌、性格、收入等方面对潜在的约会对象撒谎……尤其是当对方的外在条件更好时"。类似地，在OKCupid（一个约会网站）上，单身男性说的身高通常比实际身高高五厘米。他们也在收入上撒谎，会多说20%。在谈情说爱时，人们似乎很愿意粉饰事实。

然而，随着关系进一步发展，撒谎会变得更有害。即使没有被识破，撒谎也会导致关系中的一方与自己的另一半变得疏远。德保罗大学的心理学家蒂姆·科尔（Tim Cole）发现，恋爱中的欺骗行为与缺乏亲密感有关。你撒的谎越多，就会感到与你的伴侣越疏远。

谈恋爱时，比撒谎更常见的是避免交代全部真相。科尔研究发现，相比任何其他人，我们更害怕被伴侣拒绝。我们会避开不舒服的话题，因为我们不想破坏自己小心维系的和谐。我们会避免谈论困难的话题，因为我们害怕受伤。然而，向你的伴侣敞开心扉不仅不会削弱你们的联系，反而还会让你们更信任彼此。

对于珍妮这种情况，实际上，最好的应对方式就是实话实说。既然她已经对这份感情感到无趣，她的另一半很可能和她有一样的感觉。说出真实的想法的确很难，因为大家都不愿意伤害自己所爱的人，但是，这是确保双方都快乐的重要一步。

那么，如何开启这样的对话呢？要创造一个私密的对话空间。虽然在大学里独处的时间很少，但有一种情况下你和另一半一定会单独相处，那就是拥抱的时候。

认真倾听：小小的拥抱，大大的影响

多年研究表明，情侣之间进行肢体接触非常重要。例如，只需要抱着某人十秒钟，你的身体就会释放催产素。催产素被称为"爱情激素"，与幸福感和信任感都有关。

有趣的是，不同类型的触碰会引发不同的激素反应。当然，性行为会释放像多巴胺、血清素和催产素这样的激素，而像牵手、拥抱这样的简单接触，作用同样强大。研究表明，性行为之后的触摸和谈话——而非夫妻之间的性生活次数——是预测婚姻强度的更好指标。一般来说，夫妻在做爱之后只拥抱15分钟。然而，这可能还不够。

试着和你的伴侣多花一些时间拥抱。当你们相互依偎时，就是提出有挑战性的、有意义的问题的完美时机。我们想成为什么样的人？我们希望从对方那里得到什么？我们是否应该在社交媒体上正式公布自己的恋人？

谈恋爱时，我们很容易受到外界的干扰。因此，一定要学会认真倾听，并尽力为两人创造合适的交谈机会。跟你的另一半待在一起时，要把拥抱当成一件神圣的、必须做的事情，而不是可有可无的事情。

约会游戏（续）

珍妮抬起头，她的故事讲完了。你发出愉快的咀嚼声，打破了餐桌上的沉默。你真的很喜欢吃樱桃芝士蛋糕。

你盯着菜单，开始琢磨再点一块什么蛋糕时，发现珍妮和蒂姆都在盯着你。你知道，他们想听听你的真实想法。你讨厌抱怨感情问题，但你更讨厌尴尬的沉默。

"事情是这样的……"

你告诉他们，你已经和学校的校花打得火热。谢天谢地，你在她最喜欢的学习地点蹲点了一周，制造的"偶遇"发挥了魔力。你们有很多相同之处，彼此有着说不完的话。而且，你们竟然都很擅长发消息！

你们上周确定了关系。但现在，你开始感到恐慌。你从来没有让一只仓鼠活过一个月以上，更不用说一段关系了。你想让这段关系维持下去，但你不知道该怎么做。更糟糕的是，她刚刚邀请你这个周末一起去参加一个音乐会，但你第二天有考试！你不想去，但你觉得不应该在你们恋爱的第一周就拒绝她。你希望你的两个朋友能够给你一些建议。

创造仪式：为培养亲密关系做规划

机缘巧合可能在恋爱的早期阶段有所帮助，但是不能指望它推动你们之后的关系进展。如果你总等着"闲下来"再跟另一半共度时光，那么你会发现，总有各种更紧急的事情（比如在截止日期之前交作业、考试前要复习等等）让你疲于应对。如果你不特意腾出时间与另一半约会，很快你就会发现，你们渐行渐远了。

将培养稳定的恋爱关系排入日程，多安排一些活动。比如，每个星期日上午一起享用一顿豪华的早午餐。周四早上你们都没有课，周三晚上就一起吃比萨、看电影。可能你们都喜欢看《单身汉》，那就买一大盒冰激凌，每周二晚上窝在一起。

一旦制定了一个仪式，就不要随意改变。坚持完成仪式能够体现出你对这段关系的重视。如果你总是打破你们之间的惯例，那就不要埋怨伴侣为此不开心。

请记住，不是每个仪式都需要你和伴侣一起完成。事实上，一些仪式也可以是你计划为另一半做些什么。也许每个星期日，你都可以花半小时来构思如何向你的伴侣表达爱意。有一种方式可以让他们感觉特别好，那就是制造惊喜。

经常给予：我们为何内心都喜欢惊喜？

你曾经是否参加过惊喜生日派对？如果有的话，回想一下生日男孩/女孩开门时的反应。也许他们会因震惊而后退，也许他们的眼睛会因困惑而睁大，也许他们会发出愉快的尴尬叫声。

但无论是何种表现，他们的感觉都是，非常快乐。

2015年，精神病学研究员格雷戈里·伯恩斯（Gregory Berns）对生日惊喜产生了极大的兴趣。他特别好奇的是，"惊喜"这个组成部分有多重要。有可能，生日本身才是最重要的，那么，惊喜就既不必要，又费时。然而，他的直觉告诉他，不是这样。那些出乎意料的事物，是不是有什么特别的作用？

伯恩斯决定测量接受惊喜的人的神经反应。首先，他请参与者进入一个磁共振成像机，然后用一个由电脑控制的特定设备向参与者的嘴里喷射果汁或水。有时喷射是有规律可循的，有时喷射是随机的。

研究人员发现，当受试者接受随机喷射时，与快感相关的大脑部分——伏隔核——活动更为活跃。正如伯恩斯所说，"大脑觉得意料之外的快乐，比可预期的快乐更有奖励性"。回想一下你经历或者见证过的生日惊喜，就会发现的确如此。而如果过生日的人提前知道了一切，就会觉得"没意思了"，因为大家都喜欢收到惊喜。

无论你处于恋爱的哪个阶段，都请记住这一点：在特殊的日子（如情人节、生日、纪念日等）表现出爱的行为很重要，而创造惊喜更有价值。

幸运的是，在大学里谈恋爱，是比较容易制造惊喜的。如果你的另一半有一场考试，那就在考试前一天给他/她送去一杯爱心奶茶；如果你们计划一起看电影，那就给他/她在校园里安排一个寻宝游戏；如果他/她的生日在7月，那就在3月为他/她举办一个惊喜生日派对。重要的是表达出你的心意，尤其是在对方不知道你在想什么的时候。

约会游戏（续）

讲完你的"爱情萌芽故事"后，你看了一眼餐桌旁的另外两个人，突然意识到，追求爱情真的很难——蒂姆总是得不到梦寐以求的稳定恋情，珍妮对越来越平淡的感情生活越来越不满，而你总是害怕做出承诺，不敢定下来……你本来还觉得，量子力学的期末考试很有难度，但此时想想，那跟约会比起来，简直是小巫见大巫。

你叹了口气，环顾着整个餐厅。"还是再来一份芝士蛋糕吧，吃完可能会感觉好一些……"

约会是……而不是……

研究显示，在大学生活中最紧张的时刻，稳定的亲密关系可以提供强大的支持。一个高质量的恋人会在你失意时陪伴你，会在你得意时为你庆祝。高质量的朋友也会有所帮助，但即使是最好的朋友，也不可能像恋人那样亲昵地安抚你。

而在大学有一段不稳定的亲密关系可能会带来灾难性后果。因为对方很容易患得患失，很容易跟你吵架，这会消耗你的很多心力。一段关系结束后，你的情绪也会低迷几周甚至几个月。最糟糕的是，万一你们在期末考试前大吵一架，怎么办？但愿你还能全神贯注地参加考试。

当你和另一半相处得很好的时候，你会觉得春风得意，引得大家无比嫉妒；可当你们出现了矛盾的时候，你会觉得仿佛一夜之间，这个世界再也没有快乐可言。

我们没有资格倡导大家是去约会还是保持单身。无论选择什么样的感情模式，都是你的自由。我们唯一推荐的是让你感到安全、自信的关系。浪漫的恋爱固然美好，但不是唯一值得追求之事。实际上，你更应该多花时间去维护你与那些不在学校里的人——你的家人、老朋友以及上大学之后很少能见面的人——的关系。

第十章

过去的人际关系

"你和从 5 岁开始就认识的人并不需要有任何共同之处。和老朋友在一起,你们共同拥有整个过去。"

——莱尔·洛维特

(Lyle Lovett)

坐在你妈妈的1994年款丰田凯美瑞里，听着车里播放的麦可·布雷的歌，你深情地注视着眼前最好的朋友。

"别担心，"你说，"我们永远都是朋友。"

然而，你心里在想："真的是这样吗？还有两个月我们就要去上大学了。分开后，我们还会这样要好吗？"

终于到了大学开学的那一天。父母开车送你去学校。爸爸一个人将冰箱搬上了楼，妈妈满眼泪光地看着你。

"宝贝，你会给家里打电话的，对吗？"

"当然，妈妈！"你当时心里的确是这么想的。你知道大学生活会很忙碌，但是你绝对不会忘记自己的家人。毕竟他们给你买了你想要的熔岩灯，你已经迫不及待地想要使用它了。

四个星期后的一个夜晚，你坐在宿舍的椅子上，沐浴着熔岩灯发出的漂亮灯光。现在是周四晚上，你已经完成了所有作业。你完全自由了。上大学真好！

突然间，你仿佛想起了什么事，心情一下子沉重起来。四个星期过去了,你还没有给你的高中好友打过一次电话。你给她发过消息,她也回复得很快,但你们没有深入交流。

你拿起电话。当你开始输入那个早已熟记于心的号码时,听到了敲门声。是亚历克斯,你的大学室友。

"嘿,我们在玩牌,你想一起吗?"你低头看了看还在拨号中的手机,有些犹豫。

当然,这通电话可以晚些时候再打,毕竟你的高中朋友可能并没有在期待你的电话。而且,你想与宿舍里的新同学更亲近,一起打牌似乎是一个很好的建立联系的机会。

但是,你和老朋友已经一个月没有说话了。不是说好要当"永远的朋友"吗?拜托,她可是和你在小区泳池里一起裸泳的玩伴,她帮你度过了人生中第一次分手,而且她在你12岁的时候就认为你很酷——她肯定值得一个电话。

保持和老朋友的情谊

在人生的每个阶段,我们都面临社交限制。我们想和所有人成为朋友,但我们做不到。正如《优先级排序》一章中提到的,一个人只能同时与大约150人维持关系。我们进入大学后,会遇到很多新朋友。因此,我们在高中时建立的友情不可避免地就会淡化。

对于大多数人来说,这很正常——我们进入大学,结交新朋友,慢慢失去旧朋友。友谊的演变是自然而然的。我们要严格限制人际关系的数量和深度,因为我们无法同时处理太多的连接。

尽管你的优先级可能会改变,但这并不意味着与老朋友维持情谊对你的生活是一种负担。遗憾的是,有些人会贬低高中的友谊。他们认为,曾经与那些人关系好,只是因为大家住得比较近,而只有进入大学交到的朋友才是真正志同道合的朋友。

然而,完全切断与高中朋友的联系并不是最优解,保持和老朋友的情谊是很重要的。

你的高中朋友们是你成长故事中的主要角色。你们之间有无法磨灭的共同记忆——即使有些做过的傻事你希望自己可以忘掉。失去与他们的联系，你就会失去自己的一部分。

而且，即便是上了大学，你在假期也会经常回家。许多学生在大学开学几个月后的感恩节假期和寒假就回家了。全职员工一年只有平均两周的年假，相较于此，几个星期的寒假是很长的。因此，你还是有很多时间能与高中朋友相处。

还有，你在上大学之后如何对待高中朋友，很有可能在工作之后也会那样对待大学朋友。所以，要早些开始锻炼在新的环境下与重要的人保持联系的技能。

那么，对于你的家人——同样居住在故乡的另一些爱你的人——你该怎么做呢？在某些意义上，与父母和兄弟姐妹失去联系的风险要小得多。毕竟，你在生命的前四年里也不怎么说话，但他们那时候依然爱你。

无论你是好是坏，家人都会陪伴你度过余生。因此，投资这些关系会带来长期的回报。更重要的是，他们非常愿意回应你，永远都会是你生活中最积极的力量。

归根结底，就和处理其他关系一样，选择权在你手里。维系一些高中友谊是必要的，但跟所有的老朋友都保持联系是不现实的。设定优先级次序，找出对你而言最重要的关系，然后应用本书介绍的步骤和方法来维持它们。在这一章中，我们将根据五个灰姑娘技能来探讨与家人和高中朋友保持紧密联系的技巧。

主动出击：主动联系

> 小猪皮杰从背后悄悄走向小熊维尼。
>
> "维尼！"他轻声说。
>
> "什么事，小猪皮杰？"
>
> "没什么，"小猪皮杰握住维尼的爪子，"我只是想确定你在这里。"

这几句著名的台词来自《小熊维尼》的作者艾伦·亚历山大·米尔恩，描述了小猪皮杰对小熊维尼进行的简单而暖心的确认。让对方知道你的想念，会产生强大的力量。想象一下，如果你的一个朋友给你发来一条消息，上面写着"嘿，我只是打个招呼，想看看你过得怎么样"，你是不是觉得特别温暖？那么，你的任务就是给每个人都带来这种感觉。

主动联系高中朋友本不是难事，毕竟你们相识已久了。不过，在几个月没有交谈之后，你可能会觉得突然给他们打电话有些尴尬。努力克服这种感觉，主动给他们发消息，向他们问候，并约一个时间打电话聊一聊。即使只有十五分钟，你的朋友也会感激你先联系了他。

在《别独自用餐》一书中，基思·法拉奇深入探讨了如何维持远距离的关系。他最喜欢的一种方式叫作"快发"（pinging）。"快发"就是快速地向某人展示，你关心他。你可以快速地给他发一条微信、发一封电子邮件或者打一通电话，内容可以是只有你们彼此懂的笑话、你喜欢的一条视频或者你突然想起的高中时期发生的事情。

起初你可能会觉得，这样做太刻意了。毕竟你们是朋友，没有必要通过"快发"保持联系。但是，请回想一下本章开头的内容。如果不能有意识地维护关系，你就会失去这些关系。我们总是习惯于去处理那些看似更紧急的事情，却容易忽略实际上心里更在意的人。

在大学校园里，无论是上课、下课，还是去吃饭、打水等等，我们总是会走路。可以把这些时间利用起来。比如，去上某节课你需要走15分钟，你可以趁此机会给高中朋友打个电话。等你到达目的地时，对话就结束了，免得一次性聊太久。这对你们来说都没有压力，还能增进感情。可以把家乡好友的号码都存在手机里，确保在一个学期里给他们每个人都打一次电话。

创造仪式：和家人定期联系

克劳迪娅·劳里是哈佛大学的二年级学生，她在处理远距离（家庭）关系上很有经验。她在悉尼生活到 10 岁，然后才随家人搬到纽约，提前为上高中做好准备。在此期间，克劳迪娅的父母经常旅行。她的父亲在国外工作，大多数时间不在家。

当 16 岁的克劳迪娅在纽约的一所高中就读二年级时，一则来自家人的消息改变了她的生活。由于工作原因，她的父亲需要回到悉尼，而她的母亲将开始在北京工作。克劳迪娅面临一个选择：留在纽约完成高中学业，或者和父母一起搬家并且在新学校上学。

克劳迪娅决定留下来。这意味着她与父母分居三地。他们会尽量多来看她，但她大部分时间是一个人生活。尽管选择与家人分开生活，但与家人的关系是克劳迪娅的核心关系。为了不使一家人的感情变得淡漠，她制订了一个保持联系的计划。每隔一天，她就会给爸爸或妈妈打个电话，通话时间从二十分钟到一个小时不等。在空闲的时候，她会快速发一条消息，约好下次跟他俩通话的时间。上了大学之后，克劳迪娅也一直保持着这个习惯。这是她与地球另一端的家人联络感情的方式，也是她放松的方式。

对于大多数学生来说，上大学是他们第一次离开家。为了保持过去的关系，最好是在一开始就养成定期联系的习惯，因为在一个新的环境中，我们只需要几周时间就能形成大部分的新习惯。你可以自己选择与父母联系的方式和频次——每周选一天吃早饭时跟他们视频，或者每个月给他们邮寄一张手写的卡片。最关键的是坚持下去，这样你和父母的关系才会越来越好，他们也能对你更放心。

拥抱脆弱：坦诚分享大学生活

上大学后，当你第一次放假回家，你会注意到一些微妙的变化。你的爸爸会给你开啤酒，感恩节晚宴上你会被安排坐在成人桌上。这些变化其实是你和父母关系转变的机会。他们更信任你了，而你也要记得回报他们。所以，当他们询问你的大学生活时，不要只是机械地告诉他们，你都学了什么课程，每门课的教授叫什么名字。最好让他们了解真实的你。你不必透露和室友们狂欢的细节，但可以坦诚地谈论饮酒、人际关系和面临的挑战。

研究显示，成年子女如果能更坦诚地与父亲分享自己的生活，他们之间的关系会更亲密。这说明自我表露的程度可以预测关系的质量。

同样的原则也适用于友情。你越坦诚地分享自己的大学生活，你和朋友们的关系就会越好。大家的大学经历各不相同，有的人可能会喝酒、谈恋爱，有的人则不会；有的人可能已经找到了亲密的朋友圈，而有的人可能还在寻找。无论你属于哪种情况，你越是诚实，你的关系就越健康；你越是遮遮掩掩，你的高中朋友们就越难理解你现在的生活。

认真倾听：交换生效应

沟通是双向的。除了分享你的故事，也要对朋友们的故事表现出兴趣。你上大学后经历了很多新鲜事，你的朋友们同样如此。他们的故事可能比你的还精彩，而你还没有听过。

这就是所谓的"交换生效应"。在青少年交换项目中，交换生从海外学习一年回来后，会激动地分享自己的新故事。他们可能会谈论法棍、日本陶瓷，甚至会细说和德国男孩接吻的感受。他们渴望和朋友们分享这些新鲜体验。

不过，交换项目的组织者警告我们，不要对朋友的反应抱有太多期待。朋友们刚开始可能很感兴趣，但他们很快就会厌倦听关于海外的故事。

这个效应同样适用于大学生回家。我们都带着满满的大学故事回到家乡，都想分享我们最喜欢的派对之夜，分享我们的暗恋历程和失败的约会。

戴尔·卡耐基曾说："想要让别人觉得你有趣，首先要对别人有兴趣。"要满足你的朋友们的需求，先询问他们的大学生活、他们的派对和爱情故事。当他们向你倾诉他们迄今最糟糕的一夜时，认真倾听。每次聊天时，都要让他们分享他们的大学故事。你会从中学到很多，他们也会感激你的倾听。

经常给予：表达感谢和送生日祝福

如何给千里之外的人送礼呢？注意细节。比如，记住朋友的生日是一种简单而有效的给予方式。社交媒体通常都会给你发提醒消息，不过，不要只是在网上问候一下，可以多做一点——寄个小礼物、写封亲笔信，或打电话祝贺。

组织聚会也是一种给予。每次回家时，无论是和老朋友还是新朋友团聚，都尝试策划一个五人以上参加的活动。我们高中的社交圈会随着时间的推移而缩小，大型聚会的机会也会随之减少。举办聚会不仅能给你单调的生活增加乐趣，也能让朋友们对你心怀感激。

此外，不要忘记你的独特性。你所在的大学与他们的不同，接触到的思想和人也不同。询问朋友们的暑假计划，如果他们没头绪，可以给他们提供一些思路。对你来说司空见惯的事情，他们可能是第一次听说。

比如，作为纽约大学的学生，你对纽约的实习机会有所了解，而你来自南加州大学的洛杉矶朋友并不了解。你可以利用自己独特的经历和知识为他们提供新的探索思路。

别低估你的影响力。你和高中朋友有机会接触不同的信息，要利用这些信息来帮助他们。询问他们的未来规划，尝试将他们与合适的资源或人脉匹配起来。

让回家变成一场探险之旅的五个方法

假设你已经遵循了以上所有的建议——你和朋友定期交流，你会给他们写生日卡，你甚至连朋友在大学里的暗恋故事都已经听了不下五遍了——但你依然感到困扰，你觉得自己和朋友坐在那里只是回忆过去，再无新意。

"记得那一次……"朋友又开始了。还是那个已经讲过五遍的故事，你们的友谊好像凝固在过去了。你不知该如何推动它向前发展。

长期友谊都会面临这种停滞期。有些关系会就此止步，而有些关系则继续发展。对此，你并不是束手无策，你可以做很多事情来保持友谊的活力。

根据罗宾·邓巴的研究，你离家越久，你在老家的社交网络就越小,与他人的关系也就越弱。而且,我们与远方朋友的互动往往都围绕着过去的记忆。

虽然怀旧对我们的长期幸福有益,但这种方式并不总是令人愉悦。如果每个假期回家都只是与朋友一起回顾高中时代,怀旧的效果就会逐渐减弱。

想象一下,如果我们把回家的这几周时间视为创造新回忆的机会,而不是仅仅追忆过去呢?以下几种方法可以帮我们实现这一点。

方法1:与老朋友一起创造一个荒诞的项目

首先要说明,适度的怀旧对你有好处。南安普敦大学的研究表明,怀旧有助于个人"感觉更快乐、自尊心更强、与家人更亲近"。不过,这项研究也提出,要想让怀旧持续发挥作用,我们需要不断创造新的回忆。

创建新记忆的一种方式是给每次假期规划一个荒诞的项目。你可以筹备拍摄一个小短剧,也可以在家附近的汉堡王举办一个盖茨比时代风格的派对。

在你回家之前,和一个最要好的朋友谈谈,想想你们可以一起做些什么。要将创造项目作为你此次回家之旅的首要目的并付诸实践,为你和朋友增添新的回忆。

方法 2：接触新朋友

许多研究表明，你的社交圈子的大小和你的总体幸福感呈正相关。你离家去上大学，社交圈变大，你会很兴奋、快乐，而假期从学校回到家，社交圈变小，你可能会因此感到失落、孤独。一种应对方法是每次回家时都联系一个新的人。

"新"人并不一定是陌生人。上大学之后，大家关注和喜欢的事物都会发生变化，而高中时期的人气排名自然也就不存在了。因此，你可以约高中时"对你来说过于耀眼"的暗恋对象喝咖啡。对方不再像以前那样受欢迎，所以更有可能接受你的邀请。

不过，你也可以去开拓新的社交网络，比如联系你的同乡大学校友或者在你感兴趣的领域工作的人。

在这场回家探险之旅中，"人"的作用大于一切。因此，每次回家时接触一个新朋友，可能是创造新回忆的最佳方式。

方法 3：提前制订计划

回家探险之旅还有一个要注意的点，就是合理规划时间。当然，你可以选择假期只待在家里，什么都不做。但是，如果你想留下一些美好回忆，就必须提前安排好相应的活动。

你可以在回家之前的一两周里制定目标，然后不断完善各项活动的细节，一步步落实。目标确立后，还要留出充裕的时间去计划你想参加或举办的活动。无论是要购买演出门票，还是想邀请朋友共同前往一个废弃工厂"寻宝"，提前做计划都能帮助你顺利实现。

方法 4：邀请恩师喝茶

高中毕业后，你跟自己最喜欢的老师也分别了。不妨趁着假期有时间，跟那些改变了你人生轨迹的人见见面。这些人一直都很关心你，听到你有了更好的发展，一定会很高兴。当然，你也很关心他们，并且很感激他们曾经为你做的一切。因此，你可以回学校看望他们，请他们喝茶或者吃顿饭。

现在你长大了，有机会将昔日的偶像变为朋友。这可能不是传统意义上的冒险，但也是一种创造回忆的方式。用感谢和赞美填充这些新的记忆，你将照亮他们的生活。

方法 5：成为他人的导师

你还记得自己上高中时，大学是多么遥不可及，而你有多仰慕你的学长学姐吗？现在你已经长大了，很多学弟学妹都开始仰慕你，仰慕你的大学生身份以及你所能做的事情。你曾经负责的社团如今由你高二和高三的学弟学妹负责。你可以联系他们，提议筹划一顿晚餐或一个派对，或者简单地问问是否有人想要见面谈谈申请大学的事。回家时不要只关注自己，多想想怎么能为他人做些事，你会觉得更有趣。

无论如何，见到朋友和家人都会心情愉悦。不过，如果我们一味沉浸在回忆里，无论是对家人、朋友还是对我们自己，都没有任何好处。家并不只意味着过去。将每次回家看成一次探险之旅，我们便能保持活力，继续成长。

让回家变成一场探险之旅的五个方法

与老朋友一起创造一个荒诞的项目

接触新朋友

提前制订计划

邀请恩师喝茶

成为他人的导师

图 11

> 特别分享

我如何和朋友们保持联系？

李奕

我觉得自己的人生中，最幸运的一点是能够和朋友们保持长久的联系。

离开国内到肯尼亚这些年，常有朋友问我：去了肯尼亚之后，是如何和国内的朋友们保持友谊的？

对于这个问题，我有三个秘诀！

首先，我在互联网公开写作。这件事看上去和保持友谊没有直接关系，实际上却起到了巨大的作用。

我的朋友们如果想知道我在干吗，可以直接看我的（微信）朋友圈、公众号或者小报童专栏。因为我经常分享，我的动态对于他们来说就是公开透明的。就算不特意去看，他们可能也会刷到（微信）朋友圈或者文章推送。

我把人与人之间的连接分成两种：从外向内和从内向外。从外向内指的是别人来找我，从内向外指的是我去找别人。我现在的人际关系绝大多数都来自他人找我，因为我分享的足够多，而且写作风格偏个人化,看我写的东西就知道我最近在想些什么。我的朋友们看了我写的东西如果有共鸣,就会来"拍拍"我,和我交流。或者他们自己进入了新的人生阶段,比如离职、创业,也会来找我聊天。

这样一来,即便我不主动去找国内的老朋友们聊天,也经常会有人来找我。这都得感谢我有公域写作和分享的习惯,让更多从外向内的连接成为可能。

秘诀 1 的应用

举我的例子并不是说每个人都需要高频地公开写作,得到很多人关注。不过,"分享"这点是可以参考的。现在越来越多的人不爱发(微信)朋友圈,我却觉得,这其实正是你发内容的机会!你得主动去分享自己的生活、进展和思考,才能引起他人的兴趣,解锁潜在的连接机会。

所以,哪怕是从发(微信)朋友圈开始,让其他人知道你的动态,也是一种实践。

第二呢,我是个擅长"张罗事儿"的人。
我发现自己在带大家玩儿这件事上着实有点天赋。我可以轻松组织很多人的大团，不太会觉得累和麻烦。我很擅长组织集体出游，从喀纳斯、泸沽湖、黄山、普洱，再到肯尼亚带团旅行，都在我的舒适圈之内。

此处再分享一个我的独家洞见：当主人永远比当客人有优势。能当攒局者，就别只当参与者。尤其是内向的人，更应该努力去做组局的人。

我其实不是一个特别外向的人，最讨厌参加聚会的时候要和不熟的人尬聊，还得千方百计找话题。但就像我之前说的，如果这个聚会是自己组的，那么朋友的朋友和你不认识的人，也会主动来跟你打个招呼。把耗能的向外社交换成不耗能的等他人来找你——聚会组织者这个位置对于不那么外向的人来说，其实往往更舒适。

而当你组局多了，朋友们因此互相产生了有意义的连接之后，大家会感谢你，你在社交场合和朋友圈之中的"声望"会更高，朋友也会愿意给你介绍更多的朋友。这样一来，从外向内的联系就会更多，渐渐成为一个正循环。

秘诀 2 的应用

找到自己擅长的事情，邀请两个以上的朋友参加你组织的活动，介绍他们互相认识。如果你做饭美味，就邀请朋友们来家里吃饭；如果你擅长做攻略，可以带朋友们出去玩。无论对啥感兴趣，你都可以组织更多的人一起，慢慢地建立一个和你相关的小小社群。

第三条也是最后一条秘诀，是和朋友一起做些好玩儿的事情。

比如，我和文理之所以有每周打电话的传统，其实就是因为疫情期间我们想一起把《零压力社交》这本书引进中国，每周都要打电话讨论进展。

再比如，今年文理和格雷打算一起搞个播客，每期深度拆解一家公司的商业模式。他俩已经干起来了，还彼此监督，查资料，做功课。而我也会和好朋友们录播客，做直播，都是为了和他们一起搞搞事情。

其实事情成功与否没那么重要，重要的是我们有了一些常联系的理由。某种意义上，这有点"借假修真"的意味。做事是假，增加情谊是真。可别本末倒置了！

秘诀 3 的应用

选择一个可以和好朋友一起做的项目，做起来吧！

三个秘诀分享完毕，希望对你有启发！

特别分享

长信出奇迹：谈和父母的关系

李奕

1

本书聊了各种各样的人际关系：同学/朋友、导师、男/女朋友、家乡的老朋友等等。我在读的时候，觉得唯一没有专门探讨，但又非常重要的就是和父母的关系。

我在美国上学时有一个深刻的感受：和我们同时代的美国年轻人，与他们的父母大都有着差别不大的人生经验。他们的父母很可能是他们就读大学的校友，读大学时也喝酒、在派对上狂欢、谈恋爱（甚至20世纪六七十年代的嬉皮士们比千禧一代有过更疯狂的青春），毕业后也从事了各种专业性很强的职业。两代人虽然年龄有差距，但是人生轨迹是高度类似的。

相比之下，我们这一代中国年轻人和父母的人生轨迹往往大相径庭。我们有机会读大学，甚至出国留学，我们接触了和20世纪七八十年代完全不同的信息和文化。在这样巨大的世代差距之下，中国年轻人往往会感到和父母有更深的代沟以及更多的沟通上和理解上的难题。

我一直认为，和父母沟通是我们这代人可以做的投资回报率最高的事情之一。对我们来说，和父母的关系不好可能是最直接影响日常心情和幸福感的因素之一。本来那天心情很好，因为和父母的一通电话毁了，这种情况是不是很常见？而如果维护得当，和父母的关系可以成为我们幸福感和安全感的重要来源。所以，在这个议题上花时间是非常值得的。

回忆起我自己和父母的关系，其实我们也不是一开始就如此融洽。在过去几年里，我有意识地增加了和父母沟通的深度，其中最有用的技巧之一，就是"长信出奇迹"。

2

"长信出奇迹"这句话来自我的好朋友亨特。他是我认识的人里唯一一位专业的问题儿童治疗师。出于职业原因，他也特别擅长处理父母和孩子之间的沟通矛盾，惯用策略之一就是写长信。他给我分享过不少案例——父母和孩子互相写的信——非常令人动容。

在我看来，写信的好处主要有两个：（1）帮助你有条理地表达自己的想法；（2）让对方可以读完你的全部想法，再给出反应。

回忆一下：口头沟通的时候，有多少次可能你话还没说完，对方就打断你了？或者说着说着就跑了题，开始吵架，吵到最后连一开始为什么而吵都忘了？这是因为口头表达是即时性的，我们会不受控制地给出实时反应,而写信能避免这个问题。

第一次听到亨特说"长信出奇迹"时,我就超级认同,因为我家就有写信的传统。早期关注我公众号的小伙伴可能读过我的文章《妈妈教我的三堂课》,里面有妈妈在我出生之前给我写的信:

> 宝宝,你在我腹中孕育了快9个月了。我想我们将互为朋友,因为做妈妈的我也还年轻,很长很长的一段人生路我们将一起度过。伴着你的成长,妈妈也走向成熟。希望宝宝成为一个具有健康的身体和聪明的头脑、充满爱心、正直的人,而这也是妈妈自己一直所期望成为的人。
>
> 爱你的妈妈

现在我和妈妈实现了她在信里的愿望——成了朋友。我们每周视频,聊工作、聊生活,她总是有很多想法和我分享。

当我想离开麦肯锡去尝试不同的行业时,我也把我的想法写在信里,完整地传达给爸妈,以获得他们的支持:

> 18岁之后我最感激的一件事,是爸爸妈妈支持我看到了这个世界。当然,世界很大,穷尽一生也看不完。但我看到的,已经足够让我拥有一个更宽广、更强大的内心世界,让

我意识到观点没有固定答案，现实也不是只有一种可能。我百分百相信自己可以创造出属于我的完美现实，无论在什么环境下。这是闯荡这个世界给我的勇气和自信。

我的热爱告诉我，未来几年内自己还想再尝试一些新的领域和环境，探索更多可能性。也许有挑战，也许不容易，但一定会很有趣，很有收获。爸爸妈妈不用担心，不用怕。我对爸爸妈妈的期望也是你们可以让热爱主宰自己的"后半生"——这个世界上有太多我们无法控制的事情，但心里有光的人在自己的一方天地永远不会陷入黑暗之中。

在收到我的长信之前，爸妈是不太理解我辞职的决定的。他们希望我是真的考虑清楚了，而不是一时冲动。我的信让他们明白，我真的已经深思熟虑过了，有自己的逻辑和标准，于是他们就放心了。

后来，我妈给我回信：

所有人都在关心你飞得高不高，老爸和老妈更关心你飞得累不累。这句话不是过去说、现在说，而是我们一辈子的承诺，无论何时何地，咱家永远是你最坚实有力的大后方。愿你不断学会冷静地面对各种困难、风险和挑战，做出符合绝大多数人利益和长期目标的应对之策，适时检视和调整，调动团队每个人的力量，永远相信不是你一个人在战斗。

经过过去几年的观察和沟通交流，一来，我们坚信咱家姑娘是可以照顾好自己的，选择的是自己想要的生活。二来呢，我们确实也想清楚了，每个人都是独一无二、值得珍惜的个体。人间是否值得，何为值得，自己的体验是最真切的，即便是父母、配偶、领导，也不能代替我们对自己的人生做出定义。所以我一直说，父母和孩子在人生旅程中是相伴成长的，那就要开心一点嘛！

和大多数中国家庭一样，我家也不会把"我爱你"挂在嘴边。但是给彼此写信的传统，让我和父母更能互相理解，表达对彼此无条件的爱和支持。

3

我分享了自己的故事之后，亨特也主动贡献了案例。他曾经辅导过一对一直存在沟通障碍的父女。女儿觉得爸爸对自己要求太高，并不了解自己想要什么，也根本不愿意倾听自己的真实想法。后来，他们给彼此写了信，取得了彼此的谅解。

征得他们的同意后，我在此把信的原文发出来。

女儿的信

爸爸：

  我内心是期待能有一次机会可以用书面的形式来和你聊一聊的，毕竟语言表达总是没有文字来得有趣。说起来，当年在高中，全封闭，没有网，晚自习很忙，可我也会抽出时间在本子上写上几句记录当天的状态。到了美国以后，每天面对着大篇幅的英文，加上美国"快速享乐主义"的影响，我反而没有了当年的精神。再准备动笔写一些事情，那种情怀又回暖了一些，大概我平时确实是应该记下来的。

  康村下大雪了，每天早晨我起床出门都会直接被寒风激得一哆嗦，然后瞬间清醒。走在路上会有人不断地打招呼，也有老师在小道上遛狗，然后狗狗会主动过来绕着我走几圈。公共房间里多了热可可，还有各种圣诞节的元素。天一冷，表示圣诞节就要到了。我昨天从图书馆回到宿舍的时候，天已经黑了，看到覆着一层薄薄的雪的冬青新挂上了几串亮闪闪的彩灯，觉得很漂亮。

  其实来美国之前，我就已经准备回学校以后全身心地投入到 SAT[1] 上。那段时间，我每天夜里两三点睡，就是为了在写完作业以后，能多有一点时间备考 SAT。我一直都是一个对自己学习情况很了解的人，比如我中考估分和实际结果只有三分之差，因为我学到哪步，我进步了多少，我还有什么方面需要加强、需要花时间，我自己都是很清楚的。我到现在还记得，某天晚上我突然清晰地感受到自己做 SAT 阅读的能力提升的那一刻的欣喜若狂。

我做到了全身心投入，同时也付出了代价。我在人际关系和身体上都付出了代价，不过爸爸你可能认为前者不重要。我记得有一次和你说"我在这个学校找不到朋友"的时候，你说"你本来可以上更好的学校，你在这样的学校找不到志同道合的人也很正常"。我完全理解你的意思，我本身也是个有精神洁癖的人，喜欢的东西也比较小众（并不是说我比别人高一等）。

但是爸爸，月底的时候，有一天我走进食堂，突然不知道能跟谁一起坐下来吃午饭，你能想象我当时的感觉吗？没有高处不胜寒的清高，也没有高人一等的满足感，更没有对那些中国人抱团的鄙视，我当时只感觉我自己是个可怜又可

---

[1] 学业能力倾向测验，相当于中国的高考。——编者注

笑的人。

爸爸，我知道你的想法，你觉得只要是心之所愿就无所不成，我很同意这一点。而且我觉得我是个心中有愿景的人，也是个有行动力的人，尤其在我想做一件事的时候，我的行动力是极强的。只是我还是一个高中女生，一点点小的风吹草动，都能让我感到无助、焦虑，可这时候没人告诉我停下来，歇一歇再继续走。我独自走到精疲力竭的时候，仍然没人劝我停下来，告诉我"太累就跟我讲一讲""太累就暂时不要那么努力了"。我就一直这样走，时常感到痛苦，有时也会陷入一种怪圈。

还有大学，大学一直是我们争论的事情。我只是想说，作为你的女儿，我是听着你无数好的人生建议长大的。我能成为今天的我，是你和妈妈这么多年付出心血和金钱的结果，所以这一次我当然是很乐意听你的建议的，而且也会认真考虑你说的每句话。我们的观点存在分歧，你认为我需要的是大 U[1] 的教育，而我更喜欢文理学院。我的一个建议，也是我的一个请求，就是在讨论的时候，我们要尝试站在对方的角度。尽管这有一定难度，不是所有人都能做到共情，但是我

1　指综合大学。——编者注

相信我和爸爸一定可以做到，相信我们能够发自内心地理解和尊重对方的想法。

况且，这件事是可以用发展的眼光看待的。不管去的是大U还是文理，我都可以在这四年里的无数转机中做出改变，我有两次机会转学，七八次机会在四年里找实习，无数次机会认识很多很多的人。更更要的是，我还可以去常青藤上一个很好的研究生院。很多在现在看来感觉不可逆转的事情，是存在转机的。而且你女儿还是有不错的悟性的，也有能力抓住每一次机遇。总而言之，我对自己将来的人生是保持乐观、充满期待的。

女儿
写于纽约肯尼迪机场

爸爸的回信

我最爱的宝贝女儿，特别高兴看到你给爸爸写的信，一口气连续看了三遍，看完后我的第一感觉是非常高兴。我的女儿长大了，你对自己、对学习和生活、对未来的思考都超出了我对你的认识，我低估了自己的女儿，爸爸向你道歉。

你有这样的思考，让爸爸对你未来的大学生活有了更多信心。对于大学的选择，爸爸会努力站在你的角度看问题，理解你的选择，和你还有妈妈一起选择最适合你的学校。我们会尊重你的意见，最终决定权在你。

还有，当你累了的时候，一定要和爸爸妈妈说，任何时候我们都是你最坚强的后盾。在你疲倦时，家就是你的避风港。

孩子，爸爸妈妈永远爱你，永远支持你、相信你。

这位爸爸的回信其实让我很感动。因为从女儿的信里可以看出，这位爸爸大概是一位传统意义上的"严父"，对孩子要求很高，有时候可能把要求强加在孩子身上，自己却没有意识到。

我发现，很多时候父母不支持孩子，未必是出于"不想支持"，更不是出于恶意，而是出于"不放心"三个字。他们不放心孩子做出的选择，不放心孩子已经深思熟虑过，不放心孩子能为自己的选择负责。

然而，当他们意识到孩子其实已经长大了，有能力思考和做出自己的选择，能对自己负责的时候，其实是愿意放手去支持孩子的。信里爸爸说女儿长大了，超出了自己对她的认识，低估她了，就是因为意识到了这一点。当"我可以放心了"这个意识出现的那一刻，爸爸的观点就已经开始改变了。他决定让女儿自己做选择并尊重她的选择。

当我们给父母写信时，可以尝试温和且明确地表达以下三点：

（1）我理解你们的出发点。

（2）你们的哪些行为可能在无意中伤害到了我，我的感受是怎样的。

（3）我希望怎样做、为什么你们可以对我放心。

写信的女生在这几点上做得非常棒，简直是教科书级别的示范。

她好几次提到了"爸爸，你可能是这么想的"，然后再说出自己的真实感受，"我付出了代价""我感到焦虑、无助"。她提到了对自己的信心，"你的女儿有悟性，有能力抓住机遇，对人生保持乐观"，还说出了她的期待，"我相信我和爸爸可以发自内心地理解和尊重对方的想法"。

我觉得没有一个家长可以在看到孩子表达自己的真实感受时不动容。所有父母都希望孩子快乐，即使他们有时候意识不到自己的做法正是孩子不快乐的根源。这个爸爸在信里看到了女儿累的一面，明白了自己给的压力可能真的会伤害到孩子，才会在信的最后说"任何时候我们都是你最坚强的后盾""永远爱你,永远支持你、相信你"。

亨特告诉我,在美国的一些夏令营里,会有专门的"写信导师",帮助学员给父母写信,建立更好的家庭关系。我觉得这个练习真的非常有必要。

这个过程不是一蹴而就的。也许需要多次的尝试、练习,需要很多勇气才能说出自己的心声,才能在关系上前进一小步。但即使父母不会立刻给出我们希望看到的回应,在通过写作真诚表达自己感受的时候,我们的心事也已经放下一部分了。

试着给父母写写信吧,或许真的会有奇迹发生。

结 章

卡米尔的逆袭人生

"没有挣扎,就没有进步。"
——弗雷德里克·道格拉斯

在 1938 年的格兰特研究中,正在读大二的戈弗雷·卡米尔的评估表现平平无奇。

健康情况:瘦弱
社交技巧:很不擅长建立人际关系
情绪稳定性:非常情绪化,会越来越神经质

格兰特研究项目主任乔治·韦兰特这样评价他:"作为一个年轻人,戈弗雷·卡米尔是个灾难。"在未来个人稳定性排名中,戈弗雷·卡米尔位列后 3%。

然而,50 年后,事情发生了改变。韦兰特写道:"老了的卡米尔已经成了一个明星。他女儿对他的爱意是我遇到的所有研究对象中最浓厚的。"卡米尔过 80 岁生日时,有 300 人来他家中聚餐。82 岁时,卡米尔在攀登阿尔卑斯山时突发心脏病去世。在他的葬礼上,汽车停满了草坪。

追悼会上,他儿子发表了简短的悼词:"他过着非常简单的生活,但在人际关系上极度富有。"然而,如果你在大二时遇见卡米尔,你绝对不会这么认为。当时卡米尔的人际关系非常糟糕。他缺乏亲密的朋友,缺乏展现脆弱的自信,也缺乏与他人建立联系的欲望。

卡米尔年轻时和老去后的差别证明,我们是有时间进行改变的,只要我们愿意做出承诺,愿意无私地帮助他人。对卡米尔来说,这需要一生的努力;而对我们大多数人来说,越早开始越好。我们即将分享的故事就传递了这样的理念:你越早开始练习灰姑娘技能,你在人际关系上就会受益越多。

星座会影响大学录取率?

2013年,BBC(英国广播公司)启动了一个项目,研究牛津大学学生被录取的关键因素。是教育背景、社会经济地位,还是某种内在特质,比如毅力?研究结果出乎意料:星座竟是重要的预测因素。例如,当年牛津录取的学生中,天秤座比狮子座多30%,天蝎座比巨蟹座多20%,射手座比双子座多17%。

研究者对星座与录取率之间的关联感到困惑,因为星座描述——如天秤座具有"深远智慧"和"内在力量"——似乎无法解释这种差异。

BBC深入研究后，意识到这种情况并不是牛津独有的。事实上，纵观地球上最有声望的大学的学生，他们似乎都聚集在某些星座上。在进一步研究之后，研究者们意识到，重要的不是一个人的星座，而是他们的出生日期。在某些月份出生的学生更有可能考入牛津。事实上，生在秋季（9月、10月、11月）的学生（天秤座、天蝎座和射手座）比生在夏季（6月、7月、8月）的学生（双子座、巨蟹座和狮子座）被录取的概率大约高25%。

为什么出生日期会影响录取率呢？为什么9月出生比8月出生要好那么多呢？

在英国的公立学校，学生入学年份的分界线是9月1日。因此，9月1日出生的学生和一年后8月31日出生的学生被安排在同一个年级。在学校看来，这些学生年龄相同。但是，从生物学的角度来看，他们是有差异的。9月1日出生的学生要多一年的时间成长——无论是在身体上还是在心理上。

遗憾的是，教师在课堂上很难区分天分和年龄差异。在教师看来，秋季出生的学生显得更成熟，所以对他们的期望就会更高。于是这些学生就会被分配更具挑战性的作业并得到更多个性化关注，而这会使他们表现得更好。这种现象也表明，教师对学生能力的期望可能对学生的发展产生重大影响。

随着时间的推移，年龄稍大的学生因为被更严格地要求，更有可能被选入资优教育项目，成长得更快，在学校的表现也更好。这种早期成功为他们带来了更多机会，进而推动他们学得更多，不断拉开与同龄人之间的差距。

这种现象被称为"相对年龄效应"，在多个领域存在。例如，在加拿大冰球、美国职业棒球和国际足球中，大多数运动员都是在年龄截止日（1月1日）后不久出生的。在各种技能领域——从数学到越野摩托车——早期的成功通常预示着未来的成功。

大学时期，我们第一次作为成年人进入社会，许多人首次体验诸如饮酒、谈恋爱、社团工作和实习等事务。大学是成人世界的入口，我们在这里建立的关系和发展的社交技能可能会伴随我们一生，决定我们未来的社交模式。

"相对年龄效应"的另一个主要表现是机会的复利。在学术和体育领域，关键并不是出生日期本身，而是早期优势带来的更多练习机会。表现优异的学生会被引导学习更具挑战性的课程。随着时间的推移，更多的练习和锻炼机会会让他们发展出超乎年龄的技能。

你的"灰姑娘技能"也是如此。你与他人的联系越强，别人就越想与你共度更多时间。随着你的社交技能的提高，你会获得更多实践机会，这也会在你的人际关系中形成一种良性循环。

不过，卡米尔并没有从星座中受益。他天生不擅长交流，也不太愿意与他人建立联系。但幸运的是，当他的身体出现问题后，他的人际关系却发展得越来越好了。

人生没有太晚的开始

6岁时，卡米尔爬上了一棵樱桃树去摘花。当他向树顶爬时，手指没有抓牢，从三米多高的地方摔到了地上。

父亲看到卡米尔从高处掉下来，什么也没有说。他默默地走向哭泣的儿子，把他抱起来，然后开始打他——因为他违反了"不许爬树"的命令。回首往事，卡米尔解释说："我既不喜欢也不尊敬我的父母。"30年后，一位儿童精神病医生查看了卡米尔的档案。他宣称，这是他见过的最悲惨的童年之一。

大学生活对卡米尔来说也并没有好多少。在那里，他很孤独，大部分时间都在学校的医务室里度过。在医务室外，卡米尔也是个爱抱怨的人。

当格兰特研究的男性参与者长到20多岁时，第二次世界大战爆发了。这项哈佛研究又一次找到了衡量"成功"的机会。他们推测，最优秀的人会在军队中迅速晋升。然而，卡米尔在服役几年后仅以士兵身份退役，取得的成就微乎其微，而其他参与者多数晋升为中尉或上尉。

卡米尔离开军队之后,进入了医学院。毕业后,他再次发现自己很难与病人沟通。每当他敞开心扉,他都会感到病人的问题加重了自己的社交恐惧。结果,他变得越来越自闭。

当医生的几年时间里,卡米尔感到非常孤独。他的生活坠入低谷,他几乎没有朋友、家人,也没有归属感。在绝望中,卡米尔试图自杀。幸运的是,他失败了。

35岁时,卡米尔患上肺结核,被迫在医院卧床休息了14个月。这段时间,他不得不与护士们相处,并开始大量阅读。当他最终离开医院时,仿佛变成了另一个人。据韦兰特描述,这段经历几乎给了卡米尔重生的感觉。正是在这次与死亡擦肩而过的经历中,他开始关注那些"灰姑娘技能",决定接下来将生命的重心放在他人而非自己身上。

随着卡米尔开始优先考虑他人,他的生活有了积极的转变。出院后,卡米尔成为一名独立的医生,遇到了他的妻子,成了一个负责任的父亲。在45岁的时候,距离他住院十年后,他开始经营自己的诊所。也许是因为自己悲惨的成长经历,卡米尔非常擅长倾听有童年创伤的病人。很快,他开始写论文讲述如何与病人建立连接——这与他在大学时期只关注自我的情况形成了鲜明的对比。

随着年岁的增长,卡米尔的社交技能也在加强。他重新投身于教堂社区活动中，积极地组织和邀请家人、朋友参加。经历了一次失败的婚姻后，他依然积极探索新的人际关系，不畏之前的失败。到了77岁时，他找到了新的爱情，精心打理着一座茂盛的花园，还能与比他年轻30岁的男人一起打壁球。

卡米尔的经历传递了两个重要的信息。第一，专注于提高你的社交技能是一项终生任务。尽管学术成绩在大学毕业时就定格了，但人际关系能力的精进永无止境。就像卡米尔所证明的那样，我们永远不应停止对人际关系的投资。

第二，我们随时都能开始提升自己的能力。如果你本身并不擅长主动出击、认真倾听、拥抱脆弱、创造仪式和经常给予，请不要灰心。没有人天生就是专家。我们都要用正确的方法坚持练习，才能达到更高水平。

无论你的人生路在何方，无论你是谁、多大年纪，你都可以重新定义自己。人际关系技能是一种复利投资：你越早开始投入，收获的回报就越大。卡米尔在40多岁时才开始改变，而你现在就可以了。

后记
一个坚守五年的承诺

1

当格雷关上出租车的车门时,我缓缓地转向他。

"格雷,我知道你这个周末想办一场聚会。我们能不能稍晚一点办呢?比如说,五年后?"

格雷听了点点头,嘴角微微上扬,露出一丝微笑。

那是 2018 年,我和格雷在前一年刚刚从哈佛大学毕业。我们是大学室友,也是最好的朋友。我们一起创办了一个社团,一起写了一本书,2018 年的我们刚刚度过了"离开象牙塔,迈入现实生活"的第一年。我加入麦肯锡,在湾区工作期间,在格雷旧金山的家里暂住了几个月。

对我们俩来说,毕业后的第一年是反思和焦虑的时期。在我们的谈话中,悬而未决的一个主题是如何保持与大学朋友的联系。

大学期间,格雷和我因为痴迷于创建和保持仪式而出名。在三年时间里,我们每天早上6:45会醒来,去宿舍附近的健身房一起锻炼。每隔一个星期五,我们会在校园里举办一个名为"烤面包"的晚宴,邀请来自学校里不同团体的朋友,和他们一起烹饪。每周我们都会参加一个名为"富兰克林联谊会"的小组,共进一场主题为"反思和内省"的晚宴。这些仪式是我们友谊的基石,也成为我们的骄傲之源。我们从未打破这些传统和仪式。

但是,毕业后,许多仪式被取消了。格雷搬到了旧金山,而我留在了波士顿。(很快我会搬到中国,在那里我会遇到李奕——把这本书带给你的人——但当时的我还不知道这些!)因此,我们的锻炼和晚宴传统发生了变化。这就是"五年后的派对"的灵感来源。

计划在五年后举办一场派对起初是个玩笑,但我和格雷一直以遵守承诺而自豪,所以,我们决定强迫自己去履行我们生活中最大的承诺:在整整五年后举办一场派对。于是,我们创建了一个群,将派对的日期定为2023年春季,并开始邀请人们参加。

朋友们热情地接受了邀请。2018 年 3 月的帖子中的一些评论包括：

"我刚刚为派对做了蟹肉蘸酱！请告诉我应该把它寄到哪里保存。"

"我可能会有点忙，年底前告诉你们。"

长期承诺往往比较久远。因此，在我们开这个玩笑的几个月后，就忘记了这件事。

但是，随着每一年过去，总会有一些事情让我们想起这个活动。比如，一个朋友开玩笑说他们"很兴奋要来参加，但不知道飞机票会不会已经卖光了"，或者突发事件（比如新冠疫情）出现，我们就会反思这项活动是否能照常举办。

每一年，我们都会更新一条动态。

2019 年，我们发布的内容是："有任何食物要求吗？我们正在准备食物清单。"

2020 年，我们发布的内容是："真希望这个派对举行的时候，我们不用保持社交距离了。现在看来，我和格雷暂时不用推迟派对的时间。"

2

当新冠疫情在全球暴发时，我和格雷被封在世界的不同地方。格雷在纽约的一个公寓，我在越南一个 20 平方米的公寓。尽管我们在世界的两端，但疫情让我们重新开始了共同锻炼的传统。2020 年 3 月的一天，我通过 Zoom（一款视频会议软件）给格雷打了个电话，我们决定一起线上锻炼。格雷在他的公寓做俯卧撑，我把衣柜里的挂衣杆当作引体向上的杠杆。（有趣的事实：大多数衣柜无法承受 72 公斤的重量。我的衣柜也是如此。）

这个新的锻炼仪式是，我俩在美国东部时间星期一、星期三和星期五的早上 7 到 8 点（越南时间的晚上 6 到 7 点）给彼此打电话。三年后，我们还在坚持。我在越南炎热的日子里汗流浃背地给他打电话，格雷则早上 6：45 起床在纽约的雪地里跑步。

多年来，我和格雷认识到，仪式有两个部分。

第一部分是它的设计。这是一个重要的步骤，涉及选择一个你们都喜欢的形式（我建议做你们本来就想做的事情，比如锻炼），并确定适合的频率。你要选择一个足够有意义又不容易打破的频率。在我看来，这一部分比较容易。

第二部分则更困难：坚守你的承诺。我相信很多个早晨，格雷并不愿意早上 6：45 起床和我通话然后跑步。但是，他选择起床。在很多情况下，不履行传统是边际正确的选择。格雷应该睡够八个小时，对吧？而且，错过一次一起跑步又会怎样呢？很多次有人邀请我晚上去喝酒或吃饭，但我不能去，因为我要和格雷一起跑步。很多时候，那顿晚餐会比我们一周内的第三次聊天更好。然而，纵观一生，边际选择往往是错误的。双方只有都做出并坚守承诺，才能保持传统。打破一次，就会有第二次、第三次，久而久之，这些传统就形同虚设了。

3

如何形成履行承诺的肌肉记忆？我知道的唯一方法就是练习。无论你的承诺是大是小，都要尽量遵守。你甚至可以少做一些承诺（这也是一种策略），但一旦承诺了，即使对你来说很难，也要坚持履行。

2022 年 11 月，我和格雷在东南亚一起旅行，共同做了一个承诺。从我们策划五年后的派对活动开始到那时，已经过去四年半了，我们真的有可能要举办派对了。

这感觉就像我们所有人都会面临的经典选择。举办派对需要做大量的工作。它会需要几十个小时的计划，需要与数十个人联系并协调航班，还可能会花费数千美元。

实际上，也没有人在意五年后的派对会不会真的举办。世界上充满了不遵守承诺的人和组织，对于这些没能实现的有趣的小承诺，人们并不会介怀。如果我和格雷没有举办派对，我怀疑不仅没有人会在意，甚至没人会注意到。

但是，我们既然做出了承诺，就要遵循我们在这本书中推崇的原则，必须兑现它。

将时间快进 9 个月。我们花了 50 多个小时为五年前（对于某些人来说，是最近）同意来的朋友们策划了一场派对。为了庆祝这个时刻，我们决定把它发展成和朋友们共度周末，而不仅仅是一个晚上的派对。我们在新奥尔良举办了这个派对，我们最亲近的 12 个朋友来参加了庆祝活动。

那个周末是我生命中最美好的时刻之一，由深度的对话和即兴的泳池派对组成，还有人第二天早上醒来时，发现自己抱着一个不知从哪里来的（塑料）鹿头。

在聚会的最后，我们进行了一个团体活动——每个人都给五年后的自己写了一封信。在 2028 年，我们将在十年派对上打开这些信，回顾自那以后都发生了什么。我和格雷已经承诺举办那个派对。我们会做到的。

4

当李奕为中国读者翻译并更新这本书时，我一直在反思过去七年我学到了什么。我认为我学到的一件最重要的事就是，维持友谊像开始友谊一样重要(也一样困难)。

  本书是以美国大学为背景写的。大学里充满了新的人、新的社团和新的冒险。而在我和格雷开始写这本书时,我们才相识两年,成为朋友只有一年半的时间。因此,这本书也是以友谊的新鲜感为主题写的。

  但现在,当我毕业六年后,我意识到,维持和深化友谊的技能远比建立新友谊的技能重要。我认为五种灰姑娘技能对于维持和深化友谊都很重要,但是非要比较的话,我会更强调创造仪式和保持仪式——这是和他人建立长久且高质量的关系的基石。

  我并不是说你也应该策划一个五年后的派对,而是希望你能思考一下,哪些传统和仪式能给你带来快乐。并且,一旦开始了,就要小心地去维护它们。就像养护一棵植物一样,保持一个传统并不需要付出太多——每周、每几个月甚至每五年浇一次水即可。但是,一旦它死掉,就很难复活了。

文理

译后记
种下一颗好种子，用真诚和主动让它发芽

作为《零压力社交》这本书最早的翻译者，我很开心这本书的中文版终于面世，可以分享给更多的人。我和奕姐自 2019 年认识至今，我们之间的互动几乎就是本书理念行走的范例，而奕姐也觉得我和她认识以来的经历很神奇，所以邀请我写这篇译后记，讲讲背后的故事。

坦白说，我在一开始阅读这本书的英文版时，也担心它有点遥不可及，毕竟这是来自"世界顶级学府的精英的建议"，真的适用于普通人吗？但当我深入思考并尝试实践时，发现这本书诚意满满，有很多可借鉴之处。而其中令我感受最深的，就是真诚待人和主动出击——在我看来，这几乎是除运气外，一切有意义的人际关系能得以发生和持续的主要因素。

2019年夏天，我在麦肯锡实习，像每位初入麦府的小朋友一样激动地在方方面面碰撞、努力成长。实习即将结束时，出于工作需要，和奕姐有了一些非常难得的沟通机会。我们能够在这里相遇非常神奇。我按捺住自己激动的心情，迅速写了一封简短精练的邮件给奕姐，讲述了我们之间的连接点——同事、公众号资深读者以及线下分享会观众，感谢她在我的成长过程中对我的启发与帮助。几十分钟后，我就收到了奕姐的诚挚回复，她感谢我联系她，并告诉我她即将从北京调到肯尼亚办公室，但我们可以加微信保持联系。回想这一切，我深知，这个"奇迹"之所以能够发生，与主动出击的勇气、时机的把握、真诚准确的表达以及碰到了诚挚善良的奕姐的运气都紧密相关。

　　这段经历让我和奕姐的故事有了一个特别积极的开端。后续几年中，即使身隔万里之遥，也不妨碍我们互动合作。并且，首次"追星"就"大获成功"，给了我无限勇气，让我愿意迈出更多步伐。认识奕姐之后，我的人际关系就全部一帆风顺了吗？当然不是，这是一个持续的动态过程，我也有过无数遭受挫折、感到迷茫、想要退缩的时刻，而这些时刻都成为真正体悟本书精髓的良机。

　　比如，拥抱脆弱的力量提升了我承受风险的勇气。我在感染新冠病毒后的恢复期间，诚实地告诉教授，自己隔离期的低迷影响了学习状态，没想到教授也刚刚康复，十分理解我，于是我们在交流如何恢复身体和心理健康上相谈甚欢，逐渐成了学业之外的忘年交。再比如，优先级排序的思维方式让我牢记家人永远是最重要的。因此，无论学业和工作上多么忙碌，我都坚持每周主动和家人至少视频通话一次。最开始主要是为了让家人不担心我，但我后来发现，来自家人的爱帮我稳固了情绪内核，为我在异国他乡面对一切挑战提供了源源不断的动力。

每每踌躇不前，脑海中储存的"成功案例"就会跳出来鼓舞我，而这样的事做多了，就会变成习惯，逐渐形成飞轮效应。来自奕姐的言传身教，加上主动出击后遇到的更多榜样和我在本书翻译过程中学到的原则，为我后来在美国商学院的生存、学习、成长以及在当地工作和生活等都打下了良好基础。我相信社交是一种可以后天培养的技能，而非由天赋或性格决定。凭借这些技能，我来美读书仅一年、没有工作经验，却在很少聘请应届生做产品经理的美国职场，成为一名硅谷大厂产品经理。

写到这里，我想起上次奕姐来硅谷做分享会时说的，"种下一颗好种子"。由于我在麦府实习之初就在心里种下了要去多多结识榜样的小目标，因此在机会来临时才能迅速抓住，让这颗种子生根发芽，结出多彩的果实，有了更多的故事。"人生很多事情都是双向门"，社交亦是如此。在和奕姐以及更多人相处的过程中，我固然主动付出了努力,但对方的回应也总能让我感动,这种相互影响的力量促发了更多的"奇迹"。所以,请勇敢尝试,主动迈出那一步,因为你永远不知道推开那扇门后会有怎样的惊喜在等你。哪怕尝试推了十扇、一百扇门,只有一扇小小的门打开,那也是一个新的天地啊!

最后,我想用我给奕姐发的第一封邮件里的最后一句话作为结尾,"Your insights and courage are inspiring me all the time(你的见识和勇气,一直激励着我)"。让我们和这样的人主动连接、真诚相待,并努力让自己也成为这样的人,一起解锁人生更多的机遇与可能吧!

赵宁

致谢 1

　　幸运的是，我们的朋友、家人和导师的人际关系 GPA 都很高。首先，我们要深深地感谢这本书中介绍的八位学生。谢谢你们，尼娜·胡珀、泰勒·卡罗尔、摩根·布莱迈尔、安娜·奥兰诺、克劳迪娅·劳里、尼尔·阿拉查、朱利安娜·加西亚－梅希亚和本·布卢姆斯坦。你们是这个世界上最棒的人。你们聪明、自驱力强，对周围的人满怀同理心。

　　感谢所有为这本书投入了时间和心血的人。克里斯蒂娜·福斯特、凯瑟琳·图尔班、克劳迪娅·劳里和丹尼尔·图尔班，感谢你们通读整本书，并不时给予犀利的评论。特别谢谢佐伊·伯加德，你在大学的最后一年里，既负责这本书的编辑，又承担了这本书的营销工作，非常感谢你在这个过程中对我们的指导。

我们也要特别感谢一下托马斯·A.丁曼院长为我们作序，在学校里，他总是鼓励大家以我们为榜样。所有学生都认为，丁曼院长代表了哈佛最好的一面：他非常忠诚，关心他人，致力于为大一新生创造世界上最好的体验。大卫·米尔曼·斯科特同样为这本书提供了灵感，并对知识性信息进行了核查。没有他提供各种理论和数据，我们是不敢贸然写书的。

苏格拉底说："要建造一个罗马，需要举全村之力。"所以，我们要感谢我们的家人，尽管我们犯了成千上万的错误，做了很多蠢事，你们依然全心全意地爱着我们。我们尤其要感谢我们的父母，感谢你们在我们小时候为我们读了那么多的书。如果不是你们总读错"赫尔迈厄尼"、"海格"和"飞来咒"这样的词，我们不会相信自己可以写书。

我们还要感谢那些阅读过早期版本并提出精辟意见的人：迈克尔·约翰斯顿、本杰明·贝蒂克、托马斯·赖默斯、肯德尔·伯查德、格斯·梅约普洛斯、利·安妮·福斯特、帕特里夏·怀特、凯尔西·哈珀、罗尼·亚赫维茨、朱叶红、拉纳·班萨尔、诺亚·约纳克、迈克尔·理查德、迈克尔·贝尔维尔、芭芭拉·刘易斯、希拉·伦德尔、苏珊娜·雷纳和卡伦·肯尼迪。

我们从社会科学中学到了很多，从身边杰出的人和组织那里学到了更多。尽管这样的人太多了，无法一一列举，但是，哈加尔·埃尔-法迪西、贾罗德·韦策尔-布朗和大卫·加文每天都在用你们优秀的人际关系 GPA 激励着我们。同样，富兰克林联谊会和 13 号房间这样的组织提醒我们，即使是在哈佛这样的"高压锅"里，脆弱之人也是可以在别人有意识的帮助下战胜恐惧的。

像所有的教育机构一样，哈佛也有缺陷。但是，短短四年光阴流逝，我们在这里发现，有些人就是愿意以他人为先，为他人服务。如果没有哈佛（以及金柏莉·利里的新生研讨会），我们不会写这本书，不会成为朋友，甚至不会相遇。所以，谢谢你，哈佛大学。

我们的合作就像一段美好的旅程。从在内华达州的里诺喝醉后写作，到在旧金山大快朵颐地吃代餐，共同撰写此书是我们大学时代的一个巅峰。我们是最适合彼此的合作者。

文理　格雷

致谢 2

把《零压力社交》带进中国,是我在 2019 年年底萌生的念头。最初,一起做这个项目成了我和文理维系关系的仪式:每周我们都会打电话讨论项目进度。

后来我俩一个搬到越南,一个搬到肯尼亚,都忙于新的工作,这个项目也被搁置了。然而,我们通话的传统却因为一起写书延续下来,让远在地球两端的我们保持了更近的社交距离。无形中,我们也用到了书中的方法。

2022 年年底,我开始在小报童平台上连载专栏,这个项目被重拾起来。我发现相较于纸质书,先做一个电子专栏可以更快地把内容呈现出来。

就这样,几个月之后,这本书的电子专栏已经收获了上千读者,而中文纸质版的内容也初见雏形了。一年后,文字落于纸面,实体书终于要和大家见面了。

感谢我们的策划汤汤（汤曼莉）。2023年年中我回国时，汤汤特意带着策划案来参加我的线下见面会。她的专业让我相信，把电子专栏变成实体书是值得的。

感谢中信出版社的编辑老师们。没有你们的信任，这本书不会有面世的机会。

感谢小报童的创始人少楠和白光。是你们的平台和产品给了我写作的载体和灵感，带来了这本书的电子专栏。

感谢订阅了电子专栏的读者们。作为创始读者，你们的信任和建议是不可或缺的。

感谢翻译赵宁和曾经参与过试译的小伙伴查艺文。你们是这本书不可或缺的贡献者。

感谢这本书的英文版作者，我的好朋友文理和格雷。感谢你们让我看到你们的身体力行，并与我维系跨越时空的友谊。

最后，感谢我的爸爸妈妈。谢谢你们给了我人生中最宝贵的财富：爱人和被爱的能力。

愿大家都能拥有高质量的人际关系，收获丰盛自由的人生！

李奕

2024年3月